Claudia Dietl

Ethisch handeln – Erfolgreich verkaufen

Mit Mut zu neuen Verkaufsstrategien

ACABUS | Verlag

Dietl, Claudia: Ethisch handeln – Erfolgreich verkaufen. Mit Mut zu neuen Verkaufsstrategien, Hamburg, ACABUS Verlag 2010

1. Auflage

ISBN: 978-3-941404-27-4

Die eBook-Ausgabe dieses Titels trägt die ISBN 978-3-941404-28-1 und kann über den Handel oder den Verlag bezogen werden.

Lektorat: Josefin Güldner, ACABUS Verlag

Umschlaggestaltung: Jana Krubert

Umsetzung: Josefin Güldner, ACABUS Verlag

Autorenfoto: ©Volker Listl

Umschlagsmotiv: © Yuri Arcurs- Fotolia.com, Logo von Claudia Dietl

Der ACABUS Verlag ist ein Imprint der Diplomica Verlag GmbH, Hermannstal 119k, 22119 Hamburg.

Bibliografische Information der Deutschen Nationalbibliothek

Die Deutsche Nationalbibliothek verzeichnet diese Publikation in der Deutschen Nationalbibliografie; detaillierte bibliografische Daten sind im Internet über http://dnb.d-nb.de abrufbar.

http://www.acabus-verlag.de

Printed in Europe

Was immer du tun kannst oder erträumst zu können, beginne es. Kühnheit besitzt Genie, Macht und magische Kraft. Beginne es jetzt!

Johann Wolfgang von Goethe

Dank

Dieses Buch zu schreiben, war für mich nicht nur eine fachliche, sondern auch eine persönliche Herausforderung. Ohne die Unterstützung zahlreicher lieber Menschen, hätte ich es nicht geschafft. Dabei hat mich besonders angespornt, dass das Thema immer wieder auf sehr großes Interesse gestoßen ist. Ich nenne hier niemanden namentlich, es sind einfach zu viele. Ich danke aber jedem Einzelnen von Herzen für gute Impulse, konstruktive Anmerkungen, ermunternde Worte und vor allem für die große Portion Geduld, da es doch um einiges länger gedauert hat, dieses Buch fertig zu stellen, als geplant.

Vorwort

Eine Rückbesinnung, die Sie nach vorn bringt

„Ethisch handeln – Erfolgreich verkaufen" ist ein Thema von ebenso aktueller wie zeitloser Bedeutung. Und nicht erst, seitdem das in nahezu jeder Hinsicht unethische Handeln vieler Beteiligter die Märkte der ganzen Welt in Mitleidenschaft gezogen hat, sind Begriffe wie Ethik und Werte wieder in aller Munde. Auch ohne negative Sensationsmeldungen war die Sehnsucht nach Werten, die Vertrauen schaffen und Sicherheit geben, nie erloschen. Im Gegenteil, diese Sehnsucht bestimmt schon seit geraumer Zeit das Einkaufsverhalten des modernen Kunden – allerdings haben noch längst nicht alle Verkäufer angemessen darauf reagiert.

Eines vorweg: In diesem Buch geht es keineswegs darum, aus Verkäufern Moralapostel zu machen. Verkäufer müssen und sollen verkaufen, ihren Umsatz steigern und eine hohe Abschlussquote erzielen. Deshalb wurde „Ethisch handeln – Erfolgreich verkaufen" hier bewusst auch nicht als Frage formuliert. Denn inzwischen steht fest, dass ein weitsichtiges Handeln der Verkäufer, das auch ethische Aspekte einbezieht, dauerhaft zu mehr Verkaufserfolgen führt. Denn kein Kunde will sich heute noch ein Produkt andrehen oder eine Dienstleistung aufschwatzen lassen. Doch am Beruf des Verkäufers kleben immer noch unvorteilhafte Klischees, die genau diese unethischen Verkaufsstrategien unterstellen. Die wahren Leistungen und Herausforderungen, die zum Beruf des Verkäufers gehören, werden hingegen selten gewürdigt. – Eine neue Ethik des Verkaufens, wie Sie hier von Claudia Dietl anschaulich beschrieben wird, kommt also nicht nur dem Kunden, sondern sogar in erster Linie den Verkäufern zugute.

Die Klischees halten sich so hartnäckig, weil im Verkauf vielfach sämtliche Register gezogen und die Werte für den Profit geopfert worden sind. Inzwischen hat sich das Blatt gewendet. Und wer sich über Jahre hinweg eingehend mit dem Thema Verkauf befasst, hat längst erkannt: Werte sind unerlässlich, damit auch morgen noch Profit erzielt wird. Der Verkäufer, der um jeden Preis seinen Abschluss „durchdrückt", gehört inzwischen ebenso zum alten Eisen wie derjenige, der meint, die Kunden würden schon zu ihm kommen, wenn sie etwas bräuchten. Das sind nur zwei der typischen „Auslaufmodelle" unter den Verkäufern. Die Zukunft erfordert gänzlich neue Verkaufsstrategien, bei denen ethische Überlegungen nicht nur reine Kosmetik sind, sondern zum zentralen Element werden: Erfolgreich verkaufen heißt, langfristige Beziehungen zwischen dem Kunden und dem Verkäufer aufzubauen, wobei die Interessen beider Seiten berücksichtigt werden müssen. Kunden wollen eine verbindliche und vertrauensvolle Beziehung zu Verkäufern, die als authentische Persönlichkeiten auftreten und ihnen bei der Kaufentscheidung partnerschaftlich zur Seite stehen, damit sie sich im Überangebot zurechtfinden und auch das kaufen, was sie wirklich benötigen und wollen. Und eines ist sicher: Dieses Bedürfnis wird in Zukunft und gerade in Anbetracht von zum Teil aufsehenerregenden Negativbeispielen immer stärker werden.

Spätestens an dieser Stelle wird sich auch herausstellen, ob ein Verkäufer nur vordergründig auf den Ethik-Zug aufspringt oder ob er selbst das Ziel bestimmt. Ehrlichkeit, Authentizität, Vertrauen und Glaubwürdigkeit in Verbindung mit einem souveränen Auftreten, das die eigene Persönlichkeit wirkungsvoll unterstreicht, sind Kernbegriffe der neuen Verkaufsethik – und lassen sich allesamt nicht dauerhaft vorgaukeln. Nun braucht es also den Mut, die erforderlichen neuen Verkaufsstrategien in die Praxis umzusetzen.

Dieses Buch inspiriert seine Leser zum Nachdenken über Ethik und Werte im Verkauf und beschreibt zugleich, wie eine persönliche Weiterentwickelung und ein Umdenken möglich sind und wie Sie dadurch die Umsätze von morgen sichern. Sie selbst erhalten die Möglichkeit, ein lebendiges Gegenbeispiel für die geläufigen Verkäuferklischees zu bilden, indem Sie die neuen, hier sehr praxisnah beschriebenen Verkaufsstrategien umsetzen und ganz persönlich leben. Daraus ergibt sich eine Win-Win-Situation par excellence: Kunde und Verkäufer profitieren gleichermaßen.

Wo von Ethik die Rede ist, geht es um kollektive Werte – der Transfer dieser Werte in die Lebensrealität hängt jedoch von den individuellen Maßstäben des Einzelnen ab. Und gerade Individualität gilt in den Industrieländern schon lange als einer der wichtigsten Werte. Nichts ist für Verkäufer naheliegender, als sich den damit verbundenen Herausforderungen zu stellen und selbst als individuelle Verkäuferpersönlichkeit aufzutreten und die Individualität der Kunden zum Ausgangspunkt der eigenen Arbeit zu machen. Hohe Umsätze und Ethik sind absolut kein Widerspruch – auf den modernen Märkten ist der eigene Erfolg vielmehr eng an ein ethisches Verhalten geknüpft. Davon bin ich ebenso überzeugt wie von den weitsichtigen Verkaufsstrategien, die Frau Claudia Dietl in diesem bemerkenswerten Buch beschreibt.

Stéphane Etrillard, Speaker, Top-Trainer und Bestseller-Autor www.etrillard.com

Einleitung

Die Welt ist im Umbruch und mit ihr die Wirtschaft. Immer mehr Menschen sehnen sich nach Nachhaltigkeit, Sinn und Wertigkeit. Gerade in den letzten Jahren wird der Ruf nach einer Rückbesinnung auf ethische Werte immer lauter. So sehr Menschen nach Erfolg und materiellem Komfort streben – viele fangen an darüber nachzudenken, auf wessen Kosten das eigene Verhalten geht. Sei es die Umwelt, die leidet, seien es Kinder, die arbeiten müssen, seien es schlechte Arbeitsbedingungen oder die Klimabilanz jedes Einzelnen: unser Verhalten hat Auswirkungen, in vielen Bereichen. Das gilt insbesondere in unserer globalisierten Welt. Immer mehr Konsumenten machen sich das bewusst und versuchen entsprechend zu handeln. Die Biobranche boomt nicht zuletzt deswegen, weil bei ihren Produkten eine hohe Wertigkeit empfunden wird und in vielerlei Hinsicht höhere Maßstäbe angesetzt werden, als bei konventionellen Produkten. Ganz wichtig ist aber auch die Achtung vor dem Menschen, der hinter einem Produkt steht. Dies bekommt immer mehr Raum.

Jedoch nicht nur Konsumenten bewegen sich. In vielen Unternehmen hat man verstanden, dass der Mensch nicht nur Produktionsmittel und Arbeitstier ist. Fitnessräume, gestaffelte Arbeitszeiten und Sozialmaßnahmen in vielerlei Bereichen zeigen hier, dass manche Unternehmer verstehen, wie wichtig es ist, Mitarbeiter gut und respektvoll zu behandeln. Auch die Tendenz zu flachen Hierarchien und Mitsprache bringt das zum Ausdruck. All dies sind Zeichen einer sich manifestierenden Sehnsucht nach einer höheren Wertigkeit, man könnte auch sagen nach ethischem Handeln in der Wirtschaft. Denn der Mensch hat eine grundlegende Sehnsucht nach Respekt und Achtung. Die Wirtschaft, die nur auf Gewinnmaximierung aus ist und in der der Mensch nichts oder nur wenig zählt, wird mehr und mehr in Frage gestellt. Und das ist gut so. Es wird Zeit für ein Umdenken: weg von der Fokussierung auf reine Effizienz, Gewinnmaximierung, Arbeitsteilung und Produktivitätssteigerung, hin zu mehr Menschlichkeit, Begeisterung und Werteempfinden.

Allerdings bleibt bisher ein Bereich von der Diskussion noch sehr unberührt: Ethische Grundsätze im Verkauf. Dabei ist gerade dieser Bereich sehr interessant. Im Verkauf geht es normalerweise in erster Linie um Umsatz, und da werden schon mal ein paar Werte geopfert, wenn es dem eigenen Vorteil dient, ganz gleich ob es sich um den Vorteil für das Unternehmen oder den eigenen Vorteil als Verkäufer handelt. Das ist mit ein Grund, warum das Verkaufen an sich einen schlechten Ruf hat. Gerade Menschen, denen Werte, Ehrlichkeit und Respekt wichtig sind, tun sich besonders schwer, ein positives Bild vom Verkaufen zu erhalten. Was im Normalfall nicht weiter schlimm ist, kann sich für Einzel- und Kleinunternehmer fatal auswirken, da sie keine Möglichkeit haben, den Verkauf an jemanden zu deligieren. Das ist mit ein Grund, warum so viele Neugründungen scheitern. In Vertriebstrainings findet dies kaum Beachtung, und ich merke auch in Diskussionen mit Vertrieblern, dass sie für die Ängste und das Unwohlsein, das mit dem Thema zusammenhängt, oft kein Verständnis haben. Kein Wunder, denn wer sich für den Verkauf als Beruf entscheidet, kennt diese Ängste oft nicht oder hat durch jahrelange Erfahrung vergessen, dass es diese zu Beginn der Tätigkeit gab.

Der erste Teil dieses Buches ist diesem Thema gewidmet. Unter der Überschrift „Angst“ werden verschiedene Bereiche behandelt, die Unwohlsein verursachen können. Um erfolgreich verkaufen zu können, ist es wichtig, diese Angst zu erkennen und zu thematisieren. Gerade für Selbständige ist das ein bedeutender Schritt zu mehr Erfolg. Außerdem bildet die Arbeit an den Ängsten die Basis für eine positive Ausrichtung und Fokussierung. Mit Hilfe von positiven Bildern, Gefühlen etc. lässt sich der Verkaufserfolg steigern und der Aufwand, den man dafür betreiben muss, reduzieren. Das Resonanzprinzip ist vielen Menschen schon bekannt, durch Bücher wie *The Secret*. Wie man dieses Wissen im Verkaufen anwenden kann, das ist der Kern des dritten Kapitels. Wer um das Gesetz von Ursache und Wirkung weiß, wird überdies darauf achten, was er tut, und wie. Denn die Auswirkungen unserer Handlungen kehren unweigerlich in irgendeiner Form zu uns zurück. Daher ist es auch so wichtig, sich Gedanken über Ethik zu machen und den Verkauf mit einzubeziehen. Sich mit Ethik zu beschäftigen, ist kein leichtes Thema, da schon die Definition von Ethik schwierig ist. Hinzu kommt, dass man wenig Antworten geben kann, dafür aber immer mehr Fragen aufwirft, wie es auch im zweiten Kapitel der Fall ist. Aber das macht die Sache auch spannend. Ich habe mich dabei bemüht, die Thematik von mehreren Seiten zu beleuchten. Und ich warne jetzt schon: es gibt einiges, was zum Nachdenken anregen wird, und ich lege die Latte bewusst hoch. Wenn Ihnen Werte wichtig sind, werden Sie viel Bestätigung und Anregung finden. Wenn Ihnen dieser Ansatz eher neu ist, kann das Ganze auch wie eine Provokation wirken. Das gilt nicht nur für das Thema Ethik, sondern auch für das der Resonanz. Lassen Sie sich einfach darauf ein. Neue Aspekte zu beleuchten, kann sehr lohnenswert sein – und jetzt spreche ich nicht von höherem Einkommen.

Dieses Buch soll zum Nachdenken anregen, aber auch dabei helfen einen authentischen Verkaufsweg zu finden, der mit hohen Werten vereinbar ist. Und so handelt es sich hier in erster Linie um ein Verkaufsbuch, auch wenn die Ethik im Verkauf den Schwerpunkt dieses Buches bildet. Im Mittelpunkt der Aufmerksamkeit steht dabei immer der Mensch, also Sie. Das werden Sie besonders im letzten Kapitel merken, wenn es um strategische Aspekte und die Umsetzung in die Praxis geht. Die vier Kapitel sind in sich geschlossen geschrieben, so dass sie unabhängig voneinander gelesen werden können, auch wenn hier und da ein Bezug zueinander hergestellt wird. Das ermöglicht Ihnen, dort anzufangen, wo Sie möchten und Teilaspekte herauszunehmen, ohne alles lesen zu müssen. Egal, wie viel Sie letztlich lesen werden, ich hoffe, Sie finden viel Ermutigung darin, mit Respekt und Authentizität zu mehr Verkaufserfolg zu gelangen.

Claudia Dietl

München, August 2010

Hindernisse

Man muss jedem Hindernis Geduld, Beharrlichkeit und eine sanfte Stimme entgegenstellen.

Thomas Jefferson, 3. US- Präsident, 1743 - 1826

Es gibt keine Grenzen. Nicht für den Gedanken, nicht für die Gefühle. Die Angst setzt die Grenzen.

Ingmar Bergmann, Regisseur, 1918 – 2007

Verkaufen – ein leidiges Thema

Wer kennt sie nicht, die netten Anrufe von schlecht geschulten Call Center-Mitarbeitern, die einem mit vorgelesenen Standardfloskeln den letzten Nerv rauben können? Wer kennt nicht die emsigen Verkäufer(innen), die einem mit „Kann ich Ihnen helfen“ entgegeneilen, kaum dass man einen Laden betreten hat? Wer kennt sie nicht, die gelangweilten Azubis im Einzelhandel, die sich beim SMS-Schreiben gestört fühlen, wenn jemand den Laden betritt und einem ein ganz besonderes Gefühl des Willkommen-Seins vermitteln? Wer denkt bei dem Wort Bazar nicht gleich an feilschende Händler, die alles tun, um ihre Ware zu einem möglichst hohen Preis loszuwerden, obwohl sie einem das Gegenteil glaubhaft machen wollen?

Aber wer kennt nicht auch die nette Floristin von nebenan, die außer einem wunderbaren Ambiente auch noch ein echtes Lächeln für jeden Kunden bietet? Wer freut sich nicht, wenn er suchend durch einen Laden läuft und ein aufmerksamer Verkäufer hilft, genau das Passende zu finden. Wer kennt nicht das gute Gefühl die richtige Wahl getroffen zu haben, dank einer sehr kompetenten Beratung eines Fachverkäufers?

Verkaufen hat viele Gesichter. Es prägt unser Leben in vielen Facetten und es prägt unsere Wirtschaft. Letztlich leben sehr viele, wenn nicht sogar alle, (arbeitenden) Menschen davon, dass irgendetwas verkauft wird, auch wenn sie nicht direkt in den Verkaufsprozess selbst involviert sind. Egal, ob Buchhalterin, Produktionsleiter, Hilfsarbeiter oder Sekretärin, sie leben alle davon, dass ihr Unternehmen etwas verkauft. Sie müssen nur kurz überlegen, wo das Geld normalerweise herkommt, mit dem die Gehälter und Löhne bezahlt werden. Ein Produkt kann noch so gut sein, eine Leistung noch so hervorragend, wenn sie nicht verkauft werden, kann damit kein Geld verdient werden.

Ausnahmen bilden am ehesten Staatsverwaltungen und Lehrinstitute, wobei auch hier im weitesten Sinne verkauft wird, man denke einfach an die Angebote, die Universitäten anbieten, um Studierende für bestimmte Fachrichtungen zu werben. Und wenn Sie sich für eine Stelle als Beamter interessieren, treten Sie in einen Bewerbungsprozess, der einem Verkaufsprozess durchaus ähnlich ist. Das gilt natürlich auch für alle anderen, die sich um eine Stelle bewerben. Überall wird verkauft, und wir werden täglich damit konfrontiert. Vor allem von Seiten des Käufers haben wir ständig damit zu tun, dass Ware oder Dienstleistung angeboten wird, und wir die Wahl haben, dieses oder jenes zu erwerben. Von vielen schönen und nützlichen Dingen wüssten wir wohl sehr wenig, wenn sie nicht durch die verschiedensten Verkaufswege an uns gebracht würden.

Kaum ein Wirtschaftprozess ist so allgegenwärtig und für alle sichtbar wie der Vertrieb. Egal, ob Boutique, Online-Shop, Kreditinstitut, Versicherung oder Zahnarzt. Verkauf ist das Rädchen in der Wirtschaft, das sie in Schwung hält und dafür sorgt, dass wir unser Geld bekommen, unabhängig davon, ob wir in der Buchhaltung, dem Sekretariat oder dem Außendienst einer Firma beschäftigt sind. Gleichzeitig ist das Verkaufen selbst aber etwas, was viele scheuen und von dem sie eine negative Meinung haben. Welches Bild haben Sie vom Verkaufen?

Bild vom Verkaufen an sich und DEM Verkäufer

Haben Sie sich schon einmal gefragt, was Sie über das Verkaufen denken? Oder darüber, was andere über das Verkaufen denken? Es ist spannend zu sehen, welche Attribute dem Verkaufen an sich zugeordnet werden. Nehmen Sie sich ruhig einen Moment Zeit um zu überlegen, welches Bild bei Ihnen auftaucht. Was erscheint spontan in Ihrem Kopf, wenn Sie an einen typischen Verkäufer denken? Wie sieht er aus und wie geht er mit Ihnen als Kunde um? Lesen Sie erst weiter, wenn Sie eine Antwort auf diese Fragen haben und wissen, was Sie mit Verkaufen spontan assoziieren.

Sollten Sie Ambitionen haben ein erfolgreicher Verkäufer werden zu wollen oder in Ihrem Geschäftsfeld erfolgreich zu sein – und dazu gehört natürlich auch im Verkaufen erfolgreich zu sein – dann ist es wichtig zu wissen, wo Sie gerade stehen. Haben Sie Ihr Bild? Dann vergleichen wir doch einmal: Schlecht sitzender Anzug, gestylte Haare, gewandte Rhetorik und forsches meist aufdringliches Auftreten – ein Versicherungsvertreter oder Autoverkäufer wie er „im Buche steht“ und es schafft, der 85-jährigen netten Oma von nebenan eine Lebensversicherung ohne Ablebensschutz zu verkaufen oder der 5-köpfigen Familie das extravagante schnittige Cabrio. Hat das eine Ähnlichkeit mit Ihrer eigenen Vorstellung? Wenn ja, dann sind Sie in guter Gesellschaft. Wenn nein, ist Ihr Bild eher mit positiven oder mit negativen Attributen verbunden? Ist Ihr typischer Verkäufer die freundliche Bäckereigehilfin, die Ihnen immer die knusprigsten Semmeln raussucht? Oder sitzt Ihr typischer Verkäufer in einem Callcenter und verkauft fleißig Lose für eine Lotterie, deren Namen er Ihnen nicht genau sagen kann?

Ich habe die Erfahrung gemacht, dass bei dieser Frage die negativen Attribute meist überwiegen. Nur selten hat jemand ein Bild von einem Verkäufer, das voll und ganz positiv besetzt ist. Die meisten Menschen denken tatsächlich an den Versicherungsvertreter, selbst dann, wenn sie betonen, dass ihr persönlicher Betreuer natürlich ganz anders ist.

Fragen Sie einfach selbst zehn Personen aus Ihrem Bekanntenkreis, und Sie werden zu ähnlichen Ergebnissen kommen, außer – ja außer es handelt sich bei Ihren Bekannten selbst um professionelle Verkäufer. Letztere haben eher selten ein so negatives Bild von ihrer Arbeit.

Dieses Thema betrifft kleinere Unternehmen natürlich viel stärker als größere. In einem größeren Unternehmen herrscht eine klarere Arbeitsteilung. Das gibt die Möglichkeit, den Verkauf an Personen zu delegieren, die damit weniger Probleme haben, oder einen Außendienst einzurichten, der einem das mühsame Akquirieren abnimmt. Aber viele Verkaufsabteilungen sind eher Bestellannahme und Servicestellen. Besonders im Innendienst – sogenanntem Inbound am Telefon – finden sich wenige Mitarbeiter, die aktiv auf den Kunden zugehen wollen, und es als unangenehm empfinden – eben als aufdringlich – dies zu tun.

Ganz unabhängig von der Frage, ob es immer der aktive Verkauf sein muss um Kunden zu gewinnen, geht es hier in erster Linie darum, welche Auswirkung diese negative Haltung auf den Verkaufsprozess und in der Folge den unternehmerischen Erfolg hat.

In unserer reizüberfluteten Welt reicht es nicht (mehr) aus, nur einfach „da" zu sein und darauf zu warten, dass die Kunden einen schon finden werden, wenn man seine Webseite nur optimal eingerichtet hat. In den meisten Segmenten gibt es zahlreiche Mitbewerber. Wer in der glücklichen Lage ist eine Nische zu besetzen und alleiniger Anbieter in einem Segment zu sein, hat es natürlich viel leichter. Aber auch hier muss man vor allem zu Beginn erst einmal die Zielgruppe auf die Nische aufmerksam machen. Wie bereits erwähnt, das beste Produkt bringt keinen Umsatz, wenn es keinen Käufer findet.

Doch noch einmal zurück zu dem Bild. Wie sieht denn Ihr Versicherungsvertreter aus? Handelt es sich um diesen (typisch) aufdringlichen Menschen, der Ihnen etwas aufschwatzen möchte, oder ist er ein seriöser Berater, der sich Zeit nimmt für Ihre Wünsche und bei dem Sie sich und Ihre Finanzen gut aufgehoben fühlen? Ich traue mir fast zu, zu wetten, dass letzteres der Fall ist. Und das ist das Erstaunliche an dem negativen Bild. Es entspricht nur zu einem geringen Teil der Wirklichkeit. Die meisten Menschen, die im Verkauf tätig sind, stimmen nicht mit dem Bild überein, das wir uns von ihnen machen. Wie kommt das?

Der Mensch neigt dazu, wenige negative Erlebnisse stärker zu bewerten als viele positive bzw. neutrale Erlebnisse. Letztere berühren uns emotional wenig. Aber wenn uns eine Person mit ihrer Penetranz nervt, erinnern wir uns sehr gut daran, da dies oft mit Ärger in Verbindung steht. Ärger darüber, dass man uns etwas aufschwatzen will, das wir nicht möchten. Ärger darüber, dass man unsere Zeit mit einem unattraktiven Angebot stiehlt und Ärger darüber, dass wir uns nicht respektiert fühlen, weil immer noch nachgehakt wird, obwohl wir schon dreimal Nein gesagt haben. Oder wie geht es Ihnen bei Callcenter-Anrufen, wo Skripten heruntergelesen werden und fünf Minuten lang über ein Angebot geschwatzt wird, ohne dass Sie die geringste Chance haben zu erwidern, dass Sie gar nichts brauchen.

Natürlich macht es noch einen großen Unterschied, was verkauft wird. Oder würden Sie einen Kellner, eine Boutiqueangestellte und einen Autoverkäufer gleich beurteilen? Aber da viele Verkaufsangestellte mehr eine beratende Funktion einnehmen, werden sie seltener mit diesem negativen Bild vom Verkaufen assoziiert.

Warum ist das so wichtig? Warum ist es wichtig zu wissen, welches Bild Sie über das Verkaufen haben? Oder anders herum gefragt, wann ist es sinnvoll an diesem Bild zu arbeiten?

Solange Sie nicht direkt mit dem Verkaufen in Ihrer Tätigkeit konfrontiert sind, wird dieses Negativbild wenige Auswirkungen haben. Ganz anders sieht es jedoch aus, wenn Sie selbst Unternehmer sind, vor allem dann, wenn Sie alleine sind oder nur wenige Mitarbeiter haben. Dann lässt sich das Verkaufen nicht mehr so einfach delegieren und der Erfolg hängt stark von Ihnen ab – und natürlich von Ihrem Denken und Fühlen. Hegen Sie eher positive Gefühle oder negative, wenn es darum geht, dass Sie etwas verkaufen müssen oder müssten? Es macht einen großen Unterschied, ob man mit einer positiven oder einer negativen Einstellung an eine Sache heran geht. Wie erfolgreich können Sie bei etwas sein, das negativ besetzt ist – und sei es nur unbewusst? Natürlich kann man durch Schulungen einiges kompensieren. Aber was nutzt Ihnen die beste Verkaufsrhetorik, wenn Sie sich aufgrund Ihrer Bilder im Kopf oder Ihrer Ängste im Bauch selbst boykottieren?

Gehen wir ruhig noch ein wenig tiefer und schauen wir uns an, welche Ängste es in Bezug auf das Verkaufen geben kann und welche Folgen diese auf den Verkaufserfolg haben. Bitte behalten Sie dabei im Hinterkopf, dass diese unterschiedlich ausgeprägt sein können und sich teilweise in ihrer Auswirkung überschneiden. Und vielleicht möchten Sie auch darauf achten, ob und wo Sie sich selbst wieder finden.

Ängste im Verkauf

Negativ-Bilder, die wir im Kopf haben, haben ihre Ursache in dahinter liegenden Ängsten. Manche dieser Ängste, sind offensichtlicher, manche sehr subtil, andere wiederum existenziell und gehen weit über den Verkaufsprozess hinaus.

Die Angst vor dem Verkaufen an sich (oder die Angst vor Aufdringlichkeit)

Welches Gefühl macht sich in Ihrem Bauch breit, bei dem Gedanken jemanden davon zu überzeugen, dass Sie ein tolles Produkt bzw. eine hervorragende Dienstleistung zu bieten haben, die Ihr Gegenüber gut brauchen könnte? Gehen Sie freudestrahlend auf Ihr Gegenüber zu, oder bekommen Sie ein mulmiges Gefühl in der Magengegend und tendieren eher dazu einen Rückzieher zu machen?

Kommen Ihnen Gedanken wie „Ich berate lieber“, „Ich möchte niemandem etwas aufschwatzen und finde das sehr unangenehm“. Bekommen Sie Magenkrämpfe bei der Vorstellung, Ihr Produkt oder Ihre Dienstleistung einem Fremden anbieten zu „müssen“ und weichen lieber aus, indem Sie sich mit dem neuen Entwurf Ihrer Werbung befassen oder sich der Weiterentwicklung Ihres Angebots widmen.

Dann gehören Sie zu der Gruppe von Unternehmern, die nicht aufdringlich sein möchten. Geprägt von dem oben beschriebenem Bild, scheuen sich viele vor einem allzu forschen und selbstbewussten Auftreten. Schließlich möchte man nicht mit dem in Verbindung gebracht werden, was man selbst als negatives Bild im Kopf hat. Die Angst davor, in die gefürchtete negative Rolle eines Verkäufers zu fallen, verhindert das aktive Verkaufen. Die Folgen sind entweder eine eher passive Haltung (der Kunde wird mich schon finden) oder das Verharren in der Beratung.

Der Verkaufsprozess besteht aber aus drei wichtigen Teilen: Beraten, Anbieten, Abschließen. Je nach Angebot fällt der Beratungsanteil mal höher, mal niedriger aus. Und dieser Teil ist auch der, mit dem die meisten kein Problem haben, siehe oben. Wenn es darum geht etwas aktiv anzubieten, wird es schon schwieriger. Aber es ist definitiv ein Unterschied, ob die Verkäuferin in der Bäckerei nur hinter der Theke steht oder dem Kunden aktiv mitteilt, dass es heute frischen Mohnstrudel gibt – und zwar ohne dass er danach gefragt hat.

Wenn Sie einen Laden in einer viel besuchten Einkaufspassage haben, macht es noch wenig aus, wenn Ihr Verhalten eher passiv ist. Aber was, wenn Sie als Einzelunternehmer in Ihrem Homeoffice sitzen und auf Kunden warten. Dieses Bild ist keineswegs überzogen. Genau das tun viele. Sie verteilen ein paar Flyer, erstellen eine mehr oder minder professionelle Webseite und warten erst einmal ab, was passiert. Denn sie haben ja schon so viel für Werbung gemacht, das müssen die Kunden doch jetzt sehen und nur in Scharen strömen. Aber so funktioniert das nicht. Nicht in einem Markt, der ein Überangebot in vielen Bereichen hat und wo der potentielle Käufer zwischen vielen attraktiven Angeboten wählen kann. Wer es hier nicht schafft, aktiv auf den Kunden zuzugehen, wird nur mittelmäßigen bis überhaupt keinen Erfolg haben. Und wenn Sie sich umschauen: im Markt der Einzelunternehmer – der zurzeit immer größer wird – ist es genau so. Vertrieb wird hinten angestellt, weil er als notwendiges Übel angesehen wird und ungute Gefühle auslöst, wenn es darum geht, aktiv zu werden.

Ich glaube, dass die Angst vor zuviel Aufdringlichkeit eine der Hauptursachen für mangelnden Erfolg ist. Gleichzeitig ist es ein Punkt, der kaum oder gar keine Beachtung findet. Wenn ich Unternehmer darauf anspreche, ernte ich oft ein Aha-Erlebnis. Gerade Frauen können sich sehr gut vorstellen, dass das bei ihnen zutrifft. Zur Bescheidenheit erzogen (und das werden wir nach wie vor – Emanzipation hin oder her) passt die Rolle des zurückhaltenden Beraters viel besser in das eigene Bild als die des forsch auftretenden Verkäufers – und mal ehrlich: wer möchte schon so sein, wie der gestylte Versicherungsvertreter mit seinen rhetorisch ausgefeilten Sätzen, der jedes Argument zu entkräften vermag und einem das verkauft, was die meiste Provision bringt.

Oder bedeutet „Ich will mich nicht aufdrängen" zugleich „Ich will nicht verkaufen". Welche Nachricht senden wir damit an unser Unterbewusstsein? Fragen Sie sich selbst einmal, was Sie wollen, wenn es um Ihr Unternehmen geht. Sie wollen Ihre Kunden gut betreuen? Sie sollen sich bei Ihnen wohl fühlen? Sie möchten Umsatz machen, aber nicht verkaufen?

Mit dem starken Satz in Ihrem Unterbewusstsein: „Ich will nicht verkaufen", senden Sie eine eindeutige Botschaft aus. Sie erinnern sich: der Verkauf ist der Part Ihres Unternehmens – egal ob groß oder klein – der für Kunden und damit für Umsatz sorgt. Die Botschaft: „Ich will nicht verkaufen", impliziert daher, dass Sie weder Kunden noch Umsatz haben wollen. Glücklicherweise wirken innere Botschaften nur selten zu 100 % und es gibt noch einige andere Faktoren. Daher kann es durchaus sein, dass Sie Kunden haben. Aber sind es auch genug, um gut von dem, was Sie tun, leben zu können? Wer sich nicht zumindest ein bisschen damit anfreundet, dass Verkauf ein fester Bestandteil des Unternehmertums ist, wird es schwer haben. Je positiver man zu diesem Thema steht, umso leichter wird es natürlich.

Die Angst vor dem Abschluss

Die Präsentation ist gut gelaufen, die wichtigsten inhaltlichen Fragen sind zufrieden stellend geklärt und nun – Stille. Sie wissen, eigentlich müsste sie jetzt kommen: die Abschlussfrage. Die entscheidende Frage, um herauszufinden, ob Ihr Kunde nun kaufen wird oder nicht. Sie schauen verlegen in die Runde, werden leicht nervös. Und mit einem unsicheren Lächeln sagen Sie: Dieses Detail, meine Herren dürfte Sie auch noch interessieren, unser Produkt ist dort besonders leistungsstark, wenn es darum geht blabla ... “ Na so was, das war sie aber nicht, die Abschlussfrage. Zu schade, Chance vergeben ...

Würde Ihnen so etwas passieren?

Je komplexer ein Produkt oder eine Dienstleistung, umso größer ist die Gefahr, im Beraten stecken zu bleiben. Dies geschieht nicht nur bei denjenigen, die Angst vor zu viel Aufdringlichkeit haben, sondern auch bei denen, die glauben, dass ein Kunde möglichst viel Information benötigt, um einen Kauf zu tätigen. Man kann das z.B. auf Webseiten anhand von extrem viel Text, der sehr ins Detail geht, erkennen oder an Verkaufsveranstaltungen oder Verkaufsvorträgen, wo mit Power Point eine Folie nach der anderen präsentiert wird und man alle Features des Produktes - und sei es noch so ein kleines einfaches Produkt - präsentiert bekommt, dessen Nutzen man schon längst erfasst hat. Es wird noch ein Detail und noch ein Detail geliefert, was zur Folge hat, dass der Kunde immer mehr das Interesse verliert. Auch wenn vielleicht im Gespräch oder in der Präsentation sein Interesse geweckt wurde, verliert er es, je mehr er mit banalen Details konfrontiert wird. Das kann man wirklich so sagen. Auch wenn diese Details für das Angebot wichtig sind, kann es sein, dass sie den Kunden momentan überhaupt nicht interessieren.

„Hilfe, Kunde droht mit Auftrag!“ So könnte man diese Angst in einem Satz zusammenfassen. Auch wenn das absurd klingen mag, diese Angst ist gar nicht so selten. Sie trifft vor allem den lieben netten Beratertyp, der seine Kunden lieber informiert als zu etwas zu drängen. Zu einem richtigen Verkaufsprozess gehört der Abschluss jedoch dazu, sonst ist es kein Verkauf, sondern höchstens ein Beziehungsaufbau zum Kunden und/oder ein „Interesse abklären“ mit unklarem Ergebnis. Profi-Verkäufer erkennen Kaufsignale und nutzen diese, um den Verkauf zum Abschluss zu bringen. Das tun sie ohne aufdringlich zu sein, aber dennoch zielgerichtet. Kaufsignale können schon zu einem früheren Zeitpunkt eintreten, als man sie erwartet. Ein Profi erkennt dies sofort, nutzt die Gunst der Stunde und kürzt den Prozess ab. Jemand, der sich weniger sicher ist, neigt eher dazu, frühe Verkaufssignale zu übersehen. Meist stellt sich die Frage, ob der Kunde schon alle Informationen hat. Sicherheitshalber schiebt man noch mal ein paar Infos nach oder wiederholt das eine oder andere. Damit läuft man Gefahr, dass der Kunde, der kaufwillig ist, es sich noch mal überlegt und die Sache verschiebt oder im schlechtesten Fall einen Rückzieher macht.

Diese Angst vor dem Abschluss hat sehr viel mit der Angst vor dem zu Aufdringlichsein zu tun. Aus lauter Angst, der Kunde könnte überfahren werden, übersieht man, dass er schon längst freiwillig (!) kaufen würde. Das zögerliche Handeln, das den Abschluss verhindert, produziert Misserfolg.

Nun werden Sie vielleicht einwenden, dass der Kunde ja auch von sich aus mitteilen könnte, dass er kaufen möchte. Glücklicherweise tun das auch sehr viele. Aber gerade, wenn der Kunde verschiedene Angebote einholt, um Alternativen zu prüfen, wird er vielleicht erst einmal abwarten und erst eine Aussage machen, wenn er gefragt wird. Und die Aussage wird umso konkreter ausfallen, je gezielter die Frage ist. Hierbei möchte ich festhalten, dass die Frage nicht unbedingt rhetorisch ausgefeilt sein muss. Viel wichtiger ist, dass Sie den Mut haben, sie zu stellen.

Die Angst vor der Ablehnung

Wissen Sie, wie viele Impulse es braucht, damit sich jemand für ein Angebot zu interessieren beginnt?

Ein wichtiger Punkt im Verkaufsprozess ist die realistische Einschätzung der eigenen Verkaufschancen. Das betrifft vor allem den Teil des Prozesses, in dem es um Beziehungsaufbau geht: die Kaltakquise. Kalt akquirieren Sie immer dann, wenn Sie versuchen, einen ersten direkten Kontakt zu einem potenziellen Kunden herzustellen, unabhängig davon, ob Sie dies am Telefon, beim zufälligen Zusammentreffen im Zug oder auf einem Netzwerktreffen tun. Viele schätzen die Erfolgsquoten falsch ein, und zwar meist zu hoch. Außerdem wird oft nicht differenziert zwischen einem Verkaufsgespräch und dem Akquiseprozess, der davor stattfindet. Sie können davon ausgehen, dass in einem Verkaufsgespräch die Erfolgsquote wesentlich höher liegt als in der Akquise davor. Das liegt vor allem daran, dass Sie es meist schon mit einem Interessenten zu tun haben.

Es gibt sogar Verkäufer, die hier eine Quote von 100 % erzielen. Das ist natürlich eher die Ausnahme und hängt sehr stark von der Branche, dem Angebot und dessen Qualität und der Mitbewerbersituation ab. Bei guter Vorarbeit und hoher Nutzenorientierung ist dies jedoch sehr wohl möglich. Realistische Quoten bewegen sich aber eher zwischen 50 und 70 % Abschlusswahrscheinlichkeit.

Die meisten finden es einfacher, mit einem Interessenten zu sprechen, als erst Interesse wecken zu müssen. Das gilt auch für viele Außendienstmitarbeiter. Nicht umsonst wird in vielen Branchen die Terminierung – sprich Kaltakquise – vom Innendienst übernommen oder an einen Dienstleister vergeben.

Hat man einen Termin beim Kunden oder hat dieser schon Interesse bekundet, hat man das gute Gefühl, dass die Person mit der man es zu tun hat, etwas von einem will. Das reduziert die Angst vor ihm und dem Verkaufen. Gleichzeitig sinkt damit auch die Angst vor Aufdringlichkeit. Jetzt ist auch der Zeitpunkt, wo man mit Fachkompetenz punkten kann. Dies ist für die meisten leichter, als mit Verkaufsargumenten zu punkten. Man geht lockerer an die Sache heran, was automatisch mehr Sicherheit bringt und sich normalerweise positiv auf das Verkaufsgespräch auswirkt.

Ganz anders ist es bei der Kaltakquise. Hier ist das Wichtigste, zunächst einmal die Spreu vom Weizen zu trennen. Man muss herausfinden, wer sich überhaupt für das eigene Angebot interessiert und wie hoch das Interesse ist. Das bedeutet zum einen viel mehr Neins in Kauf nehmen zu müssen und zum anderen eine viel niedrigere Abschlussquote. Gehen wir von der Telefonakquise aus – ein sehr unbeliebtes aber nach wie vor sehr erfolgreiches Mittel für den Beziehungsaufbau.[1] Eigentlich kann man hier gar nicht von einer Abschlussquote sprechen. Wer seriös an die Sache herangeht, wird nicht gleich beim ersten Telefonat etwas verkaufen wollen, sondern eher versuchen einen Termin zu vereinbaren. Terminquoten auf den Erstanruf liegen bei 0 – 5 %, wobei alles was über 0,5 % liegt schon sehr gut ist. Das hätten Sie jetzt nicht gedacht, oder?

0,5 % ist auch keine Quote, die einen jubeln lässt. Im Gegenteil, das kann ganz schön frustrierend sein. Kein Wunder also, dass die Kaltakquise nicht besonders beliebt ist. Sie erfordert neben professionellem Herangehen auch eine hohe Frustrationstoleranz und gute Motivationsfähigkeit. Für jemanden, der davon ausgeht, dass jedes Telefonat schon ein Verkaufsgespräch ist, ist es sicherlich schwierig, eine Absage nach der anderen hinnehmen zu müssen. Bei der Kaltakquise gehört das aber einfach mit dazu. Fragen Sie sich ruhig, wie Sie reagieren, wenn Ihnen am Telefon etwas angeboten wird, was Sie potenziell brauchen können. Kaufen Sie sofort? Oder wollen Sie erst einmal wissen, mit wem Sie es zu tun haben? Ich glaube kaum, dass Sie bei jemandem, den Sie gerade am Telefon kennen gelernt haben, sofort etwas kaufen – außer es ist etwas sehr Einfaches und Sie können es gerade jetzt brauchen. Genauso geht es Ihren potenziellen Kunden, und zwar nicht nur am Telefon. Egal, welchen Akquiseweg Sie gehen, am Anfang steht der Beziehungsaufbau – je kom-

---

[1] lt. aktueller Rechtslage in Deutschland ist Telefonakquise nur im Business-to-Business Bereich erlaubt, wenn von einer mutmaßlichen Einwilligung ausgegangen werden kann. Konsumenten dürfen nicht ohne ihr schriftliches Einverständnis angerufen werden (Stand 2010).

plexer Ihr Angebot, umso wichtiger wird dieser Aspekt, und im Dienstleistungsbereich noch viel mehr als im Produktverkauf.

Doch schauen wir genauer hin, denn es ist nicht so, dass nur 0,5 % der Kontakte in der Kaltakquise „brauchbar" sind. Wenn Sie es richtig gemacht haben, haben Sie weitere 5-30 % latent bis hochgradig Interessierte, die Sie erneut kontaktieren können. Das sind die Kontakte, aus denen sich langfristig dann Verkaufsgespräche entwickeln können.

Und die restlichen 70 – 95 %? Das sind die Neins, die Sie kassieren werden ... Das ist die Spreu, die aussortiert wird, sofern es keinen Ansatzpunkt mehr gibt. Bei diesen Kontakten lohnt sich selten ein Dranbleiben. Da ist es sinnvoller sich anderen potenziellen Neukunden zu widmen.

Es ist gut über diese Quoten Bescheid zu wissen, denn mit einer realistischeren Einschätzung bleiben die Erwartungen in einem vernünftigen Rahmen. Aber das ist nur die methodische Seite. Die psychologische ist ebenso wichtig und wiegt schwerer, denn das Wissen um die Quoten alleine reicht noch nicht aus, um locker an die ganze Sache herangehen zu können. Gerade die 70 – 95 % nicht interessierter Kontakte sind die, die uns in diesem Zusammenhang zu schaffen machen. Wer bekommt schon gerne eine Absage, und dann gleich 70 %? Da lassen wir es lieber gleich bleiben, oder? Das lohnt ja doch nicht für geringe 0,5 % so viel Frust einzustecken, oder? Und überhaupt, wer nicht will, der hat schon ... Da setze ich mich lieber in mein stilles Kämmerlein und arbeite an einem neuen Konzept oder einer neuen Mailingstrategie, ganz abgesehen davon, dass ich mir erst einmal einen Kaffee kochen sollte.

Das mag vielleicht belustigend klingen, aber genau das passiert in vielen Köpfen, wenn es um die Kaltakquise geht. Die Angst vor der Ablehnung ist (bewusst oder unbewusst) so groß, dass man geneigt ist, gar nicht erst in Aktion zu treten. Oder wenn man sich endlich getraut hat, nach zehn Telefonaten wieder aufzuhören, weil einem zehn Personen gesagt haben, das Angebot sei nicht interessant. Hinzu kommt im Dienstleistungsbereich, dass das eigene Angebot sehr stark mit der eigenen Person verknüpft ist (Je kleiner die Firma, umso größer dieser Faktor). Das bedeutet, wer nicht zwischen Angebot und seiner eigenen Person eine bewusste innere Trennung vollziehen kann, den treffen die Neins umso schwerer. Werden sie doch als Nein der Person gegenüber aufgefasst. Das ist eine Komponente, die im Dienstleistungsverkauf stark unterschätzt wird. Im Produktverkauf ist dies höchstens der Fall, wenn man das Produkt selbst entwickelt hat, aber auch dann ist die Ausprägung ist meist nicht so stark.

Der Verkaufserfolg hängt zum Teil davon ab, wie gut man mit dieser Ablehnung umgeht. Mit reiner Methodik und dem Trainieren von Verkaufsrhetorik kann man sicher einiges an Sicherheit gewinnen. Auch ist es sinnvoll – im Wissen der oben angeführten Quoten – wirklich einmal mehr Kontakte zu knüpfen, um Übung zu bekommen. Das alleine reicht aber nicht aus. Solange man sich dieser Angst nicht in einem persönlichen Prozess stellt, solange kann diese den Verkaufserfolg in hohem Maße boykottieren. Da hilft auch das qualitativ hochwertigste Angebot nichts. Es geht also darum, einen konstruktiven Umgang mit dem Nein des Kunden zu finden, und aufzuhören, das Nein auf sich selbst zu beziehen. Schwierig? Ja, das ist schwierig, aber möglich – die Profis unter den Verkäufern zeigen, dass es geht.

Wichtig ist aber auch, nicht mit einer „Mit-dem-Kopf-durch-die-Wand-Strategie“ oder mit der „Vogel-Strauß-Taktik“ an die Sache heranzugehen. Weder dem Problem mit aller Macht zu trotzen, noch ein Ignorieren helfen langfristig weiter. Natürlich hilft eine gute Verkaufsstrategie, die Erfolgschancen zu steigern, aber das alleine reicht nicht.

Ein guter Verkäufer wird immer prüfen, wie die Kaufbereitschaft ist. Es gibt Profi-Verkäufer, die gehen zum Termin und stellen diese berühmte Frage: „Wenn alle Kriterien erfüllt sind und der Preis stimmt, werden Sie dann abschließen?“ Und wenn der Kunde Nein sagt, drehen sie sich um und gehen. Weil sie es als Zeitverschwendung ansehen, sich mit jemandem zu beschäftigen, der nur latent interessiert ist und latentes Interesse ist für einen Profi-Verkäufer kein Grund, einen Kunden eine oder eineinhalb Stunden lang Dinge zu präsentieren und seine Zeit zu vergeuden.

Die meisten Menschen können genau das nicht. Sie haben Angst davor, den Kunden zu verlieren, indem sie ihn festnageln oder ihn einfach dazu bringen, eine klare Aussage zu tätigen. Dabei sind viele Kunden dankbar, wenn man ihnen ganz klar sagt, dass sie auch Nein sagen dürfen. Aber wie gesagt, es braucht eben Mut dafür. Wenn man den nicht hat, läuft man Gefahr, dass man seine Zeit als Verkäufer mit ganz vielen Menschen verbringt, die latent interessiert sind, statt sich auf die wenigeren zu konzentrieren, die dann wirklich kaufwillig sind. Dass es ein Prozess ist, diese zu finden, steht außer Frage, aber trotzdem ist es ganz gut, bereits in einer frühen Phase des Verkaufsprozesses die Kaufbereitschaft der Person, mit der man es zu tun hat, zu prüfen.

Je gezielter Sie vorgehen, umso geringer wird auch Ihre Nein-Quote sein, und dennoch werden Sie immer eine haben. Somit ist es sinnvoll, sich dieser Angst zu stellen, damit Sie sich die „Neins" zukünftig nicht mehr so sehr zu Herzen nehmen.

Ach ja, fast hätte ich vergessen, Ihnen die Antwort auf die Einstiegsfrage dieses Abschnittes zu geben: Die Antwort lautet neun. Neun Impulse braucht es durchschnittlich, damit jemand, der noch nie etwas von Ihnen gehört hat, anfängt, sich für Sie und Ihre Leistung zu interessieren. Das bedeutet allerdings noch nicht, dass er etwas kauft. Dazu sind meist weitere Impulse notwendig. Manchmal geht das natürlich schneller, aber manchmal eben auch nicht. Wie gesagt, es ist vorteilhaft, Quoten realistisch einzuschätzen ...

Die Angst vor (zu viel) Erfolg

Kennen Sie die Antrittsrede von Nelson Mandela? Sie ist aufgrund eines Gedichtes von Marianne Williamson, das er zitiert hat, sehr bekannt geworden. Es lautet:

> *„Unsere tiefste Angst ist nicht, daß wir unzulänglich sind, unsere tiefste Angst ist, daß wir unermeßlich machtvoll sind. Es ist unser Licht, das wir fürchten, nicht unsere Dunkelheit. Wir fragen uns: „Wer bin ich eigentlich, daß ich leuchtend, hinreißend, begnadet und phantastisch sein darf?“ Wer bist du denn, es nicht zu sein? Du bist ein Kind Gottes. Wenn du dich klein machst, dient das der Welt nicht. Es hat nichts mit Erleuchtung zu tun, wenn du schrumpfst, damit andere um dich herum sich nicht verunsichert fühlen.*
>
> *Wir wurden geboren, um die Herrlichkeit Gottes zu verwirklichen, die in uns ist. Sie ist nicht nur in einigen von uns: Sie ist in jedem Menschen. Und wenn wir unser eigenes Licht erstrahlen lassen wollen, geben wir unbewußt anderen Menschen die Erlaubnis, dasselbe zu tun. Wenn wir uns von unserer eigenen Angst befreit haben, wird unsere Gegenwart automatisch andere befreien."*[2]

Im ersten Teil kommt sehr schön zum Ausdruck, was es mit der Angst vor Erfolg auf sich hat. Es ist interessant zu sehen, wie viele Menschen vor Erfolg zurückschrecken, wenn es darauf ankommt. Das steht in einem

---

[2] Marianne Williamson: *"A Return to Love: Reflections on the Principles of a Course in Miracles"*. New York: Harper Collins, 1992 (dt. Übersetzung: Kahn-Ackermann, Susanne: *Rückkehr zur Liebe*: Harmonie, Lebenssinn und Glück durch "Ein Kurs in Wundern" 5. Aufl. München: Goldmann 1992)

krassen Widerspruch dazu, dass die meisten Menschen erfolgreich sein wollen. Fragen Sie sich selbst einmal, wie das bei Ihnen aussieht. Unabhängig davon, was Sie tun, Sie möchten, dass es Ihnen gelingt, oder etwa nicht? Das fängt beim Kuchen backen an und hört bei der Führerscheinprüfung noch lange nicht auf. Und im Verkaufen gilt es ganz besonders. Denn, wenn Sie nicht erfolgreich sind, machen Sie keinen Umsatz, und wenn Sie keinen Umsatz machen ... Sie wissen schon. Richtig, dann wirkt sich Ihr Misserfolg direkt auf Ihre Lebensumstände aus, vor allem, wenn Sie selbständig sind.

Wer würde unter diesen Umständen behaupten, dass er nicht erfolgreich sein möchte, wohl niemand. Und doch schwingt der Hang zum Misserfolg bereits mit, weil Erfolg auch Schattenseiten hat. Und diese Schattenseiten vermeiden wir (meist unbewusst), weil sie unangenehme Gefühle auslösen.

Schauen wir uns ein paar davon an:

- *Erfolgreiche Menschen haben viele Neider*
  Achten Sie einmal darauf, wie Sie oder Menschen in Ihrem Umfeld über erfolgreiche Menschen sprechen. Schwingt Hochachtung vor deren Leistung mit oder suchen Sie eher nach etwas, was derjenige garantiert nicht kann. Werten Sie seinen Erfolg vielleicht als reinen Zufall ab oder schreiben Sie das Ganze dem Umstand zu, dass er garantiert jemanden auf irgendeine Weise „bestochen" hat, da man sich diesen Erfolg nicht anders erklären könne.

  Ganz unabhängig von Ihrem Werturteil über so ein Verhalten, stellt sich in Bezug auf die Angst vor Erfolg die Frage:

  Möchten Sie Neider haben?

- *Erfolgreiche Menschen sind allein (da oben)*
  Schwimmen Sie lieber in der grauen Masse der Erfolglosen oder der mittelmäßig Erfolgreichen, weil es dort sicherer ist, als weiter oben? Auch, wenn Sie diese Frage vielleicht seltsam finden, versuchen Sie, für sich eine Antwort zu finden. Allein zu sein, hat für viele etwas Bedrohliches und macht natürlich Angst – ganz unabhängig davon, wie dieses Alleinsein aussieht. Als soziale Wesen suchen wir Kontakte und Anerkennung. Wer der Ansicht ist, dass er dies nicht mehr bekommt, wenn er erfolgreich ist, muss eine Wahl treffen. Und wenn Sie diese Wahl treffen müssen, fragen Sie sich ganz ehrlich:

  Möchten Sie allein sein?

- *Geld (allein) macht nicht glücklich*
  Erfolgreich sein, wird vielfach gleichgesetzt mit viel Geld verdienen. Daher hat dieser Satz in diesem Zusammenhang ebenfalls seine Berechtigung:

  Möchten Sie unglücklich sein?

Missgunst, Alleinsein, Verzicht auf Glück – wer möchte das schon? Und weil man es nicht möchte, vermeidet man einfach das, was zu diesen Dingen führt. Jetzt löst sich das scheinbare Paradoxon zwischen dem Wunsch erfolgreich zu sein und einer gewissen Selbstbehinderung auf, wenn es darum geht, ihn tatsächlich zu erreichen. Das sind nur ein paar Beispiele, um die negative Seite von Erfolg aufzuzeigen. Es gibt noch einige mehr, aber soviel erst einmal zur Veranschaulichung der Thematik. Diese Vorurteile sind manchmal so verinnerlicht, dass man selbst gar nicht merkt, dass man zu Erfolg eine negative Haltung eingenommen hat. Je nachdem, wie stark ausgeprägt diese ist, wirkt sie sich mehr oder weniger auf die eigenen Vorhaben aus. Dabei ist es vollkommen irrelevant, ob Sie sich dieser Haltung bewusst sind oder nicht. Glaubenssätze wirken einfach solange, bis sie durch neue ersetzt werden.

Doch es geht noch einen Schritt weiter, einen Schritt weg von der Angst vor negativen Folgen des Erfolgs, hin zu der Angst vor der eigenen Größe. So, wie es in obigem Gedicht beschrieben ist, neigen wir Menschen oft dazu, unser Licht unter den Scheffel zu stellen. Das hat natürlich wieder mit Glaubenssätzen, aber auch mit gesellschaftlichen Gepflogenheiten zu tun. Haben Sie es schon einmal als positiv befunden, wenn jemand von sich erzählt hat, dass er eine Sache richtig gut gemacht hat? Oder reagieren Sie auf solche Aussagen eher mit einem mulmigen Gefühl? Ganz abgesehen davon, dass wir schon sehr früh lernen, dass Eigenlob stinkt. Unsere gesellschaftlichen Strukturen, inklusive Schulsystem und Erziehungsmuster sind wenig geeignet, die eigene Größe zu fördern – im Gegenteil. Trotz der Honorierung und Überbetonung von Leistung sollen wir doch bitteschön immer recht bescheiden bleiben. Das gilt – trotz aller gesellschaftlicher Veränderungen – nach wie vor für Frauen stärker als für Männer. Wir wollen Erfolg, doch wir boykottieren uns selbst aufgrund dessen, dass wir tief verinnerlicht haben, dass unsere Umwelt Größe sanktioniert.

Das waren jetzt ein paar sehr allgemeine Punkte. Konkret auf den Verkaufsprozess bezogen, gibt es aber noch einige mehr.

- Was passiert, wenn man mir die Bude einrennt?
- Jetzt habe ich zwei Angebote draußen, was mache ich bloß, wenn beide etwas werden?
- Mein Gott – kann ich denn alle bedienen?

Auch diese Gedanken können vehement wirken. Wenn man sie zu früh aussendet, dann blockiert man damit den Erfolg oder begrenzt sich von

Haus aus in seinem Umsatz-Volumen bzw. entfaltet nicht sein volles Potential. Die Angst vor Erfolg hat viele Gesichter. Erkennen Sie welche wieder?

Die Angst davor, nicht gut genug zu sein

Wie wichtig ist die Fachkompetenz für den Verkaufserfolg? Hierüber scheiden sich seit jeher die Geister. Die einen sind der Ansicht, dass man, wenn die Argumentation gut genug ist, alles verkaufen kann und die Qualität eine untergeordnete Rolle spielt.

Wichtig ist, dass der Rubel rollt. Die anderen sehen in der Qualität das A und O und gehen erst an den Kunden, wenn auch das kleinste Detail stimmt.

Über heiße Luft zu diskutieren, wäre natürlich auch spannend, aber nachdem ich davon ausgehe, dass Sie Ihren Kunden etwas Fundiertes anbieten und dabei nicht auf heiße Luft angewiesen sind, schauen wir uns hier vor allem die zweite Gruppe an. In der Annahme, dass es gut ist, sich kontinuierlich zu verbessern und seinen Kunden ein hohes Maß an Qualität zu bieten, neigt diese Gruppe im Extremfall dazu, sich in ihrem Perfektionismus zu verzetteln. Dann wird in Produktentwicklung noch mehr investiert oder bevor man seine Dienstleistung anbietet, sicherheitshalber noch eine Ausbildung gemacht, und noch eine Zertifizierung. Damit ist man dann (zumindest fachlich) auf der sicheren Seite. Es ist allerdings auch eine fast galante Art sich dem Verkaufsprozess zu entziehen. Denn wer sollte einem widersprechen, dass es gut ist, immer besser zu werden? Kombiniert ist dieser Perfektionismus oft mit dem Glauben daran, dass die Fachkompetenz das Hauptkriterium für die Kaufentscheidung ist.

Die Angst davor, nicht gut genug zu sein, ist gar nicht so leicht erkennbar, versteckt sie sich doch hinter dem hehren Ziel der Verbesserung und des Strebens nach einem richtig guten Angebot. Sehr subtil können hier auch noch Kindheitsmuster ablaufen. Die meisten Kinder, wenn nicht sogar alle, streben nach Anerkennung und versuchen diese häufig über Leistung zu erlangen. Ich will hier gar nicht so sehr in psychologische Tiefen eintauchen, aber machen Sie sich klar, dass die Angst davor nicht gut genug zu sein, sehr alt und hartnäckig sein kann, und wie gesagt, sehr subtil.

In den meisten Fällen wird das zwar nicht so extrem sein, dass man gar keine Kunden bekommt. Aber ich bin mir sicher, dass insbesondere die Leserinnen unter Ihnen, ganz gut nachvollziehen können, was hier gemeint ist. Aufgrund dessen, dass Frauen zur Bescheidenheit erzogen werden, neigen sie oft dazu, dies mit Fachkompetenz wettmachen zu wollen. Verwundert und häufig auch frustriert sind dann die Reaktionen, wenn andere die Bemühungen nicht 150 %ig anerkennen und erfolgreicher sind. Dabei wird vergessen, dass die Kommunikation zum Kunden, Rhetorik und die Wirkung der eigenen Person sehr wichtige Kriterien für den Erfolg sind.

Bitte verstehen Sie mich an dieser Stelle richtig: das ist kein Aufruf dafür, dass Sie in Zukunft nur heiße Luft von sich geben sollen. Es geht vielmehr darum, einen guten Mittelweg zu finden. Ein hohes Maß an Qualität zu bieten und sein Angebot permanent zu verbessern, ist in jedem Fall empfehlenswert. Aber denken Sie immer daran, dass Ihr Kunde nur dann von dieser Qualität etwas hat, wenn er auch davon erfährt – und dafür zu sorgen, das ist Ihre Aufgabe.

Die Angst vor dem Präsentieren

Viele schaffen es, hervorragende Konzepte zu schreiben, aber nicht, diese nach draußen zu tragen, bzw. sie auf den Punkt zu bringen. Das Rausgehen um zu präsentieren, kann eine extreme Herausforderung sein - speziell im Dienstleistungsverkauf, der sehr eng mit der eigenen Person verknüpft ist. Wenn es um die reine Präsentation des Angebots beim Kunden geht, so kann man dies meist schnell in den Griff bekommen, z. B.

mithilfe von Rhetorik oder Präsentationstrainings und natürlich mit Routine. Je öfter man eine Sache macht, umso einfacher ist sie, und das gilt auch für Kundenpräsentationen.

Ganz anders sieht es mit dem Präsentieren der eigenen Person aus. Diese lässt sich nur bedingt in Trainings optimieren. Wer Angst davor hat, sich zu zeigen, dem hilft verbesserte Rhetorik erst einmal wenig. Nun werden Sie vielleicht sagen, wer sich nicht zeigen kann, hat im Verkauf nichts verloren. Dieses Argument hat durchaus seine Berechtigung, und ein Unternehmen wäre sicher schlecht beraten, wenn es bei der Auswahl seiner Vertriebsleute nicht auf diesen Umstand achtet. Aber die immer größer werdende Zahl an Einzel- und Kleinunternehmern hat keine Angestellten, an die sie das Präsentieren delegieren kann. Sie ist von diesem Problem daher eher betroffen. Es gehört zum Unternehmertum dazu, sich zu zeigen. Daran denken viele nicht, wenn Sie sich selbständig machen. Verstärkt kann das Ganze noch werden, wenn man sich aus der Not heraus selbständig macht. Wer jahrelang angestellt war und sich immer in seinem Büro oder hinter anderen Kollegen „verstecken" konnte, wird es erst einmal schwierig finden, sich selbstbewusst und siegessicher (ich überzeichne hier bewusst ein wenig) zu präsentieren.

Die Angst vor dem Präsentieren der eigenen Person drückt sich hauptsächlich in starker Zurückhaltung und Passivität im Kundenkontakt aus. Frei nach dem Motto, der Kunde wird schon merken, dass ich etwas Gutes anzubieten habe, das muss ich ja nicht betonen. Beliebte Aussagen sind in diesem Zusammenhang auch: „Ich würde am liebsten von Empfehlung leben" oder „dass ich gute Qualität biete, sieht doch jeder, das muss ich doch nicht extra betonen."

Sie merken es bereits, diese Zurückhaltung hängt natürlich wiederum mit der Angst vor der Aufdringlichkeit zusammen. Allerdings kommt hier noch erschwerend dazu, dass es nicht nur an Präsenz in Bezug auf das Angebot mangelt, sondern auch an der Person selbst. Mit anderen Worten: Sie werden nicht wahrgenommen, unabhängig davon, dass man Sie als lieb, nett und wahrscheinlich angenehm bescheiden empfindet. Qualitäten, die natürlich sehr wertvoll sind, aber im aktiven Verkaufsprozess hinderlich sein können.

Selbst wenn man Akquise machen möchte, z.B. über Netzwerke, kann es immer wieder sein, dass man im Präsentieren eines Angebotes viel zu zurückhaltend ist, aufgrund dieser subtilen Angst bloß nicht dominant und penetrant zu werden. Eine Folge davon ist, dass unter Umständen auch Menschen, die an dem Angebot interessiert sind, eher dazu neigen, dieses abzulehnen, weil man quasi weder heiß noch kalt ist. Man zeigt zwar ein bisschen, was man kann, doch nicht so wirklich. Dadurch fehlt es an Überzeugungskraft - und das spürt das Gegenüber. Gerade im Dienstleistungsbereich ist es extrem wichtig, überzeugend zu wirken, sonst kauft der Kunde halt wo anders. Nämlich bei jemandem, der überzeugender rüberkommt, und zwar unabhängig davon, ob die Qualität eine bessere ist.

Angst vor der Konkurrenz

Viele Angebote sind vergleichbar. Was tun, wenn ein Konkurrent ebenfalls mit im Spiel ist, mit im Rennen ist? Wie geht man damit um?

Kennen Sie einen Bereich, der konkurrenzlos ist? Es gibt sie tatsächlich, aber das sind normalerweise die Ausnahmen und nicht die Regel. In den meisten Fällen müssen Sie davon ausgehen, dass irgendjemand etwas Ähnliches wie Sie anbietet – in vergleichbarer Qualität und vielleicht sogar zu besseren Konditionen. Was tut man in so einem Fall? Die Flinte ins Korn werfen und der Konkurrenz das Feld überlassen – da Sie sowieso keine Chance haben? Oder ran an den Feind und heftig gegenargumentieren? Lachen Sie nicht! Achten Sie vielmehr auf die Bilder in Ihrem eigenen Kopf und fragen Sie sich, wie Sie mit Ihren Mitbewerbern umgehen. Gerade in der Gründungsphase macht sich nach der ersten Euphorie oft Ernüchterung breit, wenn man merkt, dass der Markt nicht auf einen gewartet hat und dass es doch tatsächlich auch noch andere gibt, die um die eigene Zielgruppe buhlen – und dabei noch nicht einmal exakt das Gleiche anbieten müssen, um als Konkurrenz zu gelten.

Wer ein klares Alleinstellungsmerkmal hat und sich als Problemlöser in seiner Zielgruppe etabliert hat, der braucht normalerweise keine Angst vor anderen Anbietern zu haben. Aber genau das haben die wenigsten. Und je vergleichbarer ein Produkt ist, umso mehr Grund gibt es, Angst vor der Konkurrenz zu haben.

Im Vergleich zu den anderen Ängsten, ist die Angst vor der Konkurrenz relativ einfach zu lösen, sofern es um die reine Vergleichbarkeit geht. Hier reicht es, strategisch vorzugehen und sich klar in einem Markt als Problemlöser zu etablieren. Was logisch und einfach klingt, ist aber oft nicht so einfach und auch gar nicht schnell umsetzbar. Die Entwicklung eines Alleinstellungsmerkmales erfordert Zeit und viel Auseinandersetzung mit dem eigenen Nutzen.

Sollte es sich aber um eine Ausprägung von „Verfolgungswahn" handeln und Sie sehen sich z.B. von Haus aus veranlasst, einen günstigen Preis anzubieten, weil Sie fürchten, dass ein Konkurrent mitbietet, dann sind andere Maßnahmen gefragt. Hier hilft reine Methodik nicht weiter.

Existenzangst

Was tun, wenn es finanziell eng wird? Wenn man finanziell einen gewissen Rückhalt hat, ist es natürlich viel einfacher, beim Verkaufen locker zu bleiben, und darauf zu vertrauen, dass die richtigen Kunden schon zu mir finden werden. Es ist auch leichter, mit potenziellen Interessenten zu reden, da man nicht darauf angewiesen ist, sofort Erfolg haben zu müssen.

Doch wie sieht es aus, wenn es zu finanziellen Engpässen kommt. Das kann oft sehr schnell gehen, durch einen Lieferengpass, den Verlust eines Großkunden, oder einfach dadurch, dass man in Zeiten guter Auslastung vergessen hat, Akquise für die Zeit danach zu betreiben.

In Zeiten, wo es finanziell knapp wird, neigen die meisten Menschen dazu, sich von Angst regieren zu lassen – und zwar von einer sehr elementaren Angst: der Existenzangst. Diese Angst kann bereits auftreten, wenn die eigene Existenz[3] noch gar nicht gefährdet ist. Aus der Angst heraus, dass unser Überleben bedroht ist, handeln wir oft egoistisch oder aus der Not heraus zwanghaft, im Sinne von „Diesen Kunden muss ich unbedingt kriegen". Natürlich ist das Überleben nicht unmittelbar bedroht, es geht hier rein um die subjektive Wahrnehmung und deren Ausmaße. Vereinfacht ausgedrückt kann folgendes passieren: Unsere Gedanken und Gefühle verlagern sich weg vom Kunden-Nutzen-Denken hin auf „Hilfe meine Existenz ist gefährdet, ich brauche unbedingt ganz schnell neue Kunden, denn sonst überlebe ich nicht" Beim Anblick des Kontoauszugs zieht sich der Magen zusammen, und die Angst verstärkt sich. Der Druck einen neuen Kunden zu gewinnen oder mehr zu verkaufen, steigt. Die Lockerheit, mit der man leichter zu Erfolg gelangt, schwindet in dem Maße, in dem die Angst Raum bekommt. Es erfolgt eine weitere innere Verkrampfung und die Gefahr besteht, dass sich dies stetig steigert.

Besonders Unternehmer in der Gründungsphase sollten sehr genau auf die Existenzängste achten und Vorsorge treffen. Dies kann z.B. durch einen anfänglichen Nebenjob geschehen, der einem so viel Stabilität bietet, dass man etwas lockerer an die Akquise herangehen kann. Wenn dies nicht möglich ist, sollte man versuchen, trotz dieser existenziellen Bedrohung handlungsfähig zu bleiben. Je nach Ausmaß der – wohl gemerkt meist gefühlten – Bedrohung ist das oft sehr schwierig. Es braucht

[3] Existenz hier im Sinne von finanzieller Grundversorgung, der Möglichkeit alle Lebenshaltungskosten und Aufwendungen abzudecken, nicht im Sinne einer echten körperlichen Bedrohung.

eine tiefe Arbeit an sich selbst, um sich von Existenzängsten zu befreien und locker zu bleiben. Sehen Sie es ein wenig als Spiel an, das zum Unternehmertum gehört – dann wird es etwas leichter – aber nehmen Sie diese Angst nicht auf die leichte Schulter.

Folgen der Angst

Nachdem wir soviel über Ängste gehört haben, könnte man fast meinen, dass im Verkauf gar nichts vorwärts geht, vor lauter Angst. Das ist natürlich nicht der Fall. Denn nicht jeder hat jede Angst. Auch die Ausprägungen sind sehr verschieden und von vielen Faktoren abhängig. Denken Sie einfach an Tage, an denen es Ihnen richtig gut geht. An diesen haben Ängste viel weniger Chancen als an Tagen, an denen Sie mit dem linken Bein aufgestanden sind.

Ängste blockieren uns deshalb, weil sie uns suggerieren, dass wir das nicht tun dürfen, was mit den negativen Bildern zu tun hat, die mit ihnen verbunden sind. Bevor wir aufdringlich werden, lassen wir es lieber ganz bleiben. Und indem wir es ganz bleiben lassen, schaden wir unserem Geschäft. Denn mit jedem kleinen Misserfolg steigt noch dazu die Angst vor dem Versagen. Je mehr wir unter Erfolgsdruck stehen, umso nervöser werden wir. Je nervöser man jedoch ist, umso größer ist die Angst davor zu scheitern, je größer die Angst vor dem Scheitern, umso größer ist die Wahrscheinlichkeit zu scheitern. Umso größer die Wahrscheinlichkeit zu scheitern, umso geringer ist die Erfolgsquote. Je geringer die Erfolgsquote umso größer die Angst vor dem erneuten Scheitern. Ein Negativkreislauf nimmt seinen Lauf ...

Steigert sich die Angst noch weiter und macht sich allmählich Verzweiflung breit, besteht die Gefahr in die Rolle des Bittstellers zu verfallen. Der Kunde soll doch bitte bitte endlich kaufen. In dieser Situation werden oft leichtfertig Rabatte und Sonderpreise gewährt, um den Kaufanreiz zu erhöhen. Der Verkäufer gibt seine selbstbewusste Haltung auf und begibt sich in ein gefährliches Gewässer. Dieses heißt: Verkaufen um jeden Preis, Hauptsache ich verkaufe überhaupt etwas. Vor allem bei qualitativ hochwertigen Produkten stimmt schnell die Kalkulation nicht mehr, Gewinnmargen schrumpfen, und es bleibt immer weniger vom Verkaufserfolg übrig. Die Negativspirale beschleunigt sich, da der finanzielle Engpass nicht behoben, sondern verschlimmert wird. Mehr Angst entsteht und dadurch wiederum mehr Druck. Wenn nicht sinnvoll gegengesteuert wird, kommt es in der Folge zu massiven Umsatzeinbußen und vielleicht sogar zum Zusammenbruch des Unternehmens.

Das hat also eine direkte Auswirkung auf unseren Verkaufserfolg und somit auf unseren Umsatz. Und das gilt auch, wenn diese Dinge unbewusst ablaufen. Und zum Großteil laufen sie unbewusst ab; den Wenigsten ist es bewusst, dass sie Angst vor dieser negativen Verkaufshaltung haben. Sie werden zwar im Gespräch – wenn man sie fragt – sagen, dass sie das Verkaufen nicht mögen, aber bis ihnen die Tatsache bewusst wird, dauert es meistens ein wenig, weil es sehr abwegig erscheint, dass der mangelnde eigene Verkaufserfolg gerade damit zusammenhängen könnte, dass man nicht so aufdringlich sein möchte, wie der Versicherungsvertreter, der gestern bei einem war.

Jeder muss für sich selbst feststellen, wo er steht. Eine Pauschalaussage, dass alle vor dem Verkaufen Angst haben, ist definitiv falsch. Es gibt genügend gute Verkäufer, die das beweisen. Trotzdem ist es ein weit verbreitetes Phänomen, das viele in ihrem Verkaufserfolg behindert – und zwar meist unbewusst. Und je mehr das Angebot mit der eigenen Person verknüpft ist, umso höher die Bedeutung der eigenen Ängste für den Erfolg.

Die meisten Schulungen im Verkauf beschränken sich darauf Methodik zu vermitteln, Rhetorik zu verbessern und einen selbstbewussten Auftritt zu üben. Vielen ist zudem gar nicht bewusst, dass es einen Zusammenhang geben könnte, zwischen ihrer Einstellung zum Verkauf und ihrem

Erfolg. Und wenn es ihnen bewusst wird, glauben sie immer noch, dass dies mit Methodik beseitigt werden kann.

Natürlich verbessert sich der eigene Auftritt, wenn man etwas Handwerkszeug bekommt und dieses richtig anwendet. Aber die beste Rhetorik nützt wenig, wenn im Unterbewusstsein ein Boykotteur nach dem anderen lauert, der die zaghaften Bemühungen in Richtung aktives Verkaufen zunichte macht.

Wie gesagt: wir leben vom Verkauf, jedoch mögen wir ihn nicht. Aber Umsatz würden wir schon haben wollen, oder? Wundern Sie sich noch, warum es vielen nicht gelingt? Mich wundert das nicht.

Wege raus aus der Angst

Auch wenn jetzt viel von Ängsten die Rede war, möchte ich Ihnen keine Angst, sondern vielmehr Mut machen. Es ist wichtig, die Dinge beim Namen zu nennen und sich bewusst zu machen, mit welchen Themen wir es zu tun haben. Wer weiß, mit welchen Problemen er es zu tun hat, kann etwas ändern. Ängste sind etwas völlig Normales, und man muss nicht gleich eine Therapie machen, nur weil man merkt, wie sie einen blockieren.

Das Problem mit der Angst in diesem Zusammenhang ist jedoch, dass sie im Geschäftsablauf nicht vorgesehen ist. Sie ist nichts, was „offiziell" existiert. Daher gibt es auch normalerweise keine Unternehmens- und Verkaufsstrategien, die darauf abzielen, Wege zu finden, trotz verschiedener Ängste handlungsfähig zu bleiben. Angst ist etwas Persönliches. Sie wirkt sich auch bei jedem anders aus. Die einen neigen zum Aufgeben („Es nutzt ja doch alles nix"), die anderen zum Revoltieren („Jetzt zeig ich es Euch aber!") oder zum Jammern („Seht her, was für ein armes Ding ich bin"). Wenn man also nach Lösungen sucht, mit der Angst umzugehen, kommt man um einen Blick nach Innen, in die eigene Person (bzw. in unserem Fall die Person des Verkäufers) nicht umhin. Wichtig ist jedoch, nicht den wirtschaftlichen Faktor aus den Augen zu verlieren. Bei aller Sinnhaftigkeit, sich mit den persönlichen Befindlichkeiten auseinander zu setzen, die sich auf den Unternehmenserfolg auswirken, darf nicht übersehen werden, dass ein Unternehmen keine Psychologieschule ist. Es ist sicherlich wünschenswert, dass im Unternehmen Raum für persönliches Wachstum ist, von dem sowohl der Mitarbeiter als auch das Unternehmen profitiert. Dennoch ist die Beschäftigung mit Angstthemen zum Großteil Privatsache jedes Einzelnen. Abgesehen davon, dass nicht jeder seine Ängste vor Kollegen und Vorgesetzten ausbreiten möchte, ist das auch nicht zielführend. Statt Trainingsmaßnahmen werden eher individuelle Coachingansätze förderlich sein. Selbstverständlich kann man die Thematik auch für sich selbst bearbeiten, mit Hilfe von guter Literatur. Der externe Blick eines Coaches kann aber sehr hilfreich sein und den Lernprozess beschleunigen. Für die Auflösung von Blockaden gibt es sehr gute Ansätze, wie z. B. Kinesiologie, The Work, The Journey, EMDR, EFT oder die Sedona Methode – um nur einige zu nennen. Welche die richtige ist, ist pauschal nicht zu beantworten. Jeder sollte für sich entscheiden, mit welchem Ansatz er am besten klar kommt. Meine Liste erhebt auch keinerlei Anspruch auf Vollständigkeit.

Ängste spielen sich auf einer persönlichen Ebene ab, deshalb ist es wichtig, sich ihnen in einem persönlichen Prozess zu stellen. Ein Darüber hinweggehen mag vielleicht kurzfristig helfen, löst aber langfristig das Problem nicht. Wer wirklich etwas lösen möchte, der muss sich der Angst stellen.

Bei allen Maßnahmen sollte man sich immer klar machen, dass es nicht darum geht, die Angst zu eliminieren. Gerade bei so großen Themen, wie Existenzangst, kann dies ein langer Prozess sein, der viele Schritte erfordert. Vielmehr geht es darum, handlungsfähig zu bleiben und seine Ziele nicht einer zwar berechtigten, aber oft übertriebenen Angst zu opfern.

Ängste können einen auch antreiben. Erfolgreiche Menschen zeichnen sich nicht dadurch aus, dass sie keine Angst haben. Sie zeichnen sich dadurch aus, dass sie handeln, obwohl sie Angst haben und Wege und Mittel finden mit der Angst umzugehen. Angst ist etwas sehr Nützliches. Auch wenn sie unangenehme Gefühle verursacht. Sie hilft uns voran zu kommen und zu lernen. An ihr erkennen wir, wo wir in gewissen Punkten stehen. und was wir schon erreicht haben.

Wenn man mit dem Gesetz der Resonanz[4] erfolgreich arbeiten möchte, ist es wichtig, eine Basis zu schaffen, die nicht von Angst geprägt ist. Angst in jeder Form behindert den Erfolg dessen, was man sich vornimmt. Angst, die unbewusst wirkt, weil sie geleugnet oder nicht wahrgenommen wird, kann die besten Strategien zu Fall bringen oder den ersehnten Erfolg hinauszögern.

Indem man locker bleibt, egal was ist, und indem man sich nicht zum Sklaven seiner Angst macht, hat man gute Chancen handlungsfähig zu bleiben. Schwierig? Ja, natürlich ist das schwierig. Aber nur weil es schwierig ist, heißt es nicht, dass es unmöglich ist. Machen wir uns einfach auf den Weg, um herauszufinden, wie man mit dieser Situation besser umgehen kann.

Nachfolgend möchte ich noch einige Punkte nennen, die bei der Überwindung von Ängsten hilfreich sind. Schauen Sie für sich selbst, womit Sie etwas anfangen können. Ich reiße die einzelnen Punkte bewusst nur kurz an, da es mir hier mehr darum geht, Impulse zu setzen und ein Bewusstsein dafür zu schaffen, was man tun kann und weniger um eine psychologische Aufarbeitung von Ängsten. Dazu gibt es bereits genug Literatur.

---

[4] Siehe Kapitel 3

Anerkennen der Angst

Egal, welchen Weg Sie gehen: um die Angst zu überwinden, muss man sich als erstes eingestehen, dass sie da ist. Da Ängste oft unbewusst wirken, ist es gar nicht so einfach ihre „Anwesenheit“ fest zu stellen. Gerne leugnen wir auch Ängste, denn wer gibt in einer leistungsorientierten Geschäftswelt schon gerne zu, Angst zu haben. Vor allem wenn sie sich auf unser Unternehmen bezieht, bewahren wir lieber Haltung. Das ist grundsätzlich auch in Ordnung. Man muss nicht jedem auf die Nase binden, dass man Angst vor dem Verkaufen hat und eine Aversion dagegen, für das eigene Geschäft Kunden zu werben.

Dennoch ist es essentiell, sich selbst einzugestehen, dass diese Gefühle existieren. Denn letztlich kann man nur etwas ändern, dessen Existenz man anerkannt hat. Dinge die man leugnet, lassen sich nicht ändern. Wenn man etwas an einer Situation verbessern möchte, ist daher die volle Akzeptanz des Ganzen nicht nur hilfreich, sondern von großer Bedeutung. Oder wie sollte man abnehmen können, solange man sich nicht eingesteht, dass man ein paar Kilo zuviel hat.

Wichtig ist beim Prozess der Annahme, dass man nicht noch mehr ins Negative verfällt. Es ist wenig hilfreich, nach Erkennen einer Negativ-Struktur, sich selbst in einem negativen Licht zu sehen und in Selbstmitleid oder übertriebener Selbstkritik zu schwelgen.

Ein positives Bild erzeugen

Um seinen Ängsten entgegenzutreten, ist es hilfreich, ein positives Bild des eigenen Verkaufstalentes zu kreieren. Das kann man durch Imagination, verschiedene Übungen und Affirmationen wie z.B.

- „Ich verkaufe gerne“
- „Meine Kunden kommen gern zu mir“

- „Ich bin freundlich und respektvoll im Umgang mit meinen Kunden"
- „Ich biete meinen Kunden bedarfsgerecht an, was sie brauchen"

Wenn man all die positiven Eigenschaften, die wir an einem Verkaufsprozess sehen, auflisten und sich vergegenwärtigen, kann man sich klarmachen, dass es nicht nur den Negativ-Verkäufer, sondern auch den positiven, respektvollen gibt. Es ist gut, sich immer wieder im positiven Sinne mit diesen Attributen zu beschäftigen; und zwar nicht nur mental, sondern auch durch „Reinspüren" zu erkennen, was es bedeutet, respektvoll mit dem Kunden umzugehen. Dadurch kann langsam ein Bild wachsen, das das negativ besetzte mit der Zeit ersetzen kann.

Positives Selbstwertgefühl steigern

Kennen Sie Ihre Stärken? Haben Sie ein Gefühl für Ihre Einzigartigkeit? Wenn nein, dann finden Sie doch einmal heraus, was für ein toller Mensch Sie sind. Sie können z. B. Stärkenlisten schreiben, indem Sie jeden Morgen ein Blatt Papier nehmen und aufschreiben, was Sie gut können und welche Eigenschaften Sie auszeichnen. Wenn Sie es schaffen, in drei Minuten über 20 Stärken aufzuschreiben, dann können Sie diese Übung wieder beenden.

Oder fragen Sie Ihre guten Freunde, was sie an Ihnen schätzen. Das kann manchmal sehr aufschlussreich sein. Vertrauen Sie darauf, dass Ihnen Ihre Freunde die Wahrheit sagen und widersprechen Sie nicht, sondern versuchen Sie, das Kompliment einfach nur dankend anzunehmen. Das ist zwar manchmal gar nicht so einfach, da man es oft nicht gewohnt ist, positive Dinge über sich zu hören, aber es hilft sehr, wenn es darum geht, ein besseres Selbstwertgefühl aufzubauen.

Trennung von Person und Handeln

Etwas geht schief, wir beziehen es sofort auf uns und fühlen uns schlecht oder minderwertig. Unser Selbstwert sinkt in den Keller. Es ist nicht leicht, sich von Ergebnissen frei zu machen und sich auf eine Art Beobachterrolle zurückzuziehen. Aber versuchen Sie immer wieder, eine gedankliche Trennung herzustellen zwischen dem, was Sie tun und dem, was Sie sind. Natürlich hängen diese beiden Dinge zusammen, aber gerade, wenn Sie noch nicht so erfolgreich sind, ist es fatal, in eine Negativspirale geraten. Machen Sie sich immer wieder klar, dass Sie als Person nicht an Wert verlieren, nur weil Sie Ängste haben oder nur deswegen, weil Sie noch nicht den Erfolg verzeichnen, den Sie sich wünschen. Sehen Sie sich als Lernender und gestehen Sie sich zu, dass Sie lernen dürfen.

Sich der Lernaufgabe stellen

Dinge geschehen, damit wir lernen. Angst ist an sich ein guter Lehrmeister, der einem aufzeigen kann, wo man steht. Stellen Sie sich ihr und versuchen Sie nicht ihr auszuweichen. Was gelernt werden möchte, holt Sie immer wieder ein. Indem man den Blickwinkel darauf richtet, dass sich in der Lernaufgabe eine große Chance verbirgt, wird es einfacher damit umzugehen. Versuchen Sie, es spielerisch zu sehen und denken Sie an ein Kind, das Laufen lernt und immer wieder aufsteht, egal, wie oft es hinfällt. Als Kind sind Sie nie auf die Idee gekommen, dass Sie aufgrund des Misserfolgs liegen bleiben sollten. Tun Sie es jetzt auch nicht.

Austausch suchen

Geteiltes Leid ist halbes Leid. Es muss nicht gleich ein Therapeut oder Coach sein, der Ihnen helfen kann. Gute Freunde, die zuhören können, sind ebenfalls eine wertvolle Hilfe. Es reicht ja oft einfach, sich Luft zu machen und auszusprechen, was einen bewegt. Achten Sie aber darauf, wenn Sie Austausch über Ihre Ängste suchen, dass Sie sich nur Menschen anvertrauen, die damit auch so umgehen, dass Sie sich gut aufgehoben fühlen. Sie sollten sich nach dem Austausch besser fühlen als vorher, sonst ist das kontraproduktiv.

Realistisch aber trotzdem positiv bleiben

„Hurra, wir können alles, wir müssen es nur genug wollen" – Hüten Sie sich vor solchen und ähnlichen Auswüchsen, die so manche Philosophie des positiven Denkens hervorgebracht hat. Es ist ein weit verbreiteter Irrglaube, dass man seine inneren Hindernisse und Ängste dadurch meistern kann, dass man sich nur positiv ausrichten muss, „Tschakka" rufen und dann mit Karacho dem Ziel entgegensausen kann. Wenn dem so wäre, wären schon viel mehr Menschen erfolgreich. Unterschätzen Sie niemals die Macht Ihres Unterbewusstseins. Mit reiner Willenskraft sind manche Dinge nicht zu bewältigen. Auch wenn es zu einem gewissen Grad natürlich geht, sich gedanklich positiv zu fokussieren, achten Sie immer darauf, dass Ihre Gefühle mitgehen, denn sonst bleibt es ein rein mentaler Vorgang, der letztlich nicht viel bringt.

Angst befindet sich nun mal nicht im Kopf und kann daher dort auch nicht gelöst werden. Wenn Sie eine Spinnenphobie haben, macht es wenig Sinn, dass Sie sich mental einreden, wie sehr Sie Spinnen lieben, und es wäre fatal, wenn Sie sich an einen Ort begeben, wo es viele Spinnen gibt, solange Sie noch gar nicht in der Lage sind, das auszuhalten. Das Gleiche gilt für Verkaufsängste und innere Hemmungen aller Art. Ja, es ist wunderbar und gut, sich positiv auszurichten – aber echte positive Ausrichtung besteht aus mehr als nur mentaler Umprogrammierung im Kopf. Beachten Sie immer, wo Sie gerade stehen. Es ist sicherer, viele kleine Schritte zu gehen, als einen großen Sprung zu wagen. Nicht, dass der große Sprung nicht gelingen könnte, aber gerade, wenn es um Ängste geht, sollte man behutsam vorgehen und darauf achten, dass man seine Stabilität behält. Wenn Sie vor lauter „Tschakka" den Sinn für die Realität verlieren, ist niemandem geholfen, am wenigsten Ihnen selbst.

Handeln und nicht jammern

Der Markt ist schlecht, die Krise ist schuld, die Kunden sind zu dumm – wer möchte, kann immer einen Sündenbock finden. Falls Ihnen gerade niemand einfällt, kann sicher das Wetter einen guten Schuldigen abgeben (übrigens sehr beliebt ☺). Doch indem man die Verantwortung einfach an andere weitergibt, löst sich kein Problem. Es liegt an Ihnen, den Markt zu beleuchten, Ihre Strategie anzupassen, Ihre Kommunikation zum Kunden zu optimieren, damit er versteht, was Sie ihm anbieten, etc.

Angst, na und? – Trotzdem handeln

Auch wenn Sie Angst haben, gibt es keinen Grund, in den Boden zu versinken und handlungsunfähig zu werden. Natürlich ist es wichtig, Dinge zu reflektieren und sich auch Zeit zu nehmen. Und wenn Sie merken, dass eine Angst Sie besonders hemmt, ist es sehr sinnvoll, sich professionelle Unterstützung zu holen.

Aber dennoch können Sie sich auf dem Markt zeigen. Es spricht auch nichts dagegen, Maßnahmen zu treffen, um Kunden zu finden, etc. Im Tun verlieren viele Dinge ihren Schrecken. Als Beispiel sei die Telefonakquise genannt – ein Bereich der Kundengewinnung, der sich nur sehr geringer Beliebtheit erfreut. Aber fragen Sie mal Menschen, die gerne telefonieren, wie sie das geschafft haben. Viele werden Ihnen sagen, dass es nach mehreren Dutzenden Telefonaten auf einmal viel einfacher ging. Sobald etwas zur Routine wird, verliert es auch seinen Schrecken. Probieren Sie es aus!

Resonanz erzeugen

Was wir aussenden, kehrt zu uns zurück. Wenn es um Ängste geht, ist es sehr wichtig, sich nicht auf diese zu konzentrieren. Das ist für uns grübelnde und ursachenforschende Wesen oft die größte Herausforderung. Machen Sie sich immer klar, dass das, worauf die Aufmerksamkeit liegt, wächst. Fragen Sie sich daher immer, was in Ihrem Leben wachsen soll und richten Sie sich dementsprechend aus.

Nein nicht persönlich nehmen

Was als guter Rat gemeint ist, verpufft in der Praxis schnell zur hohlen Floskel. Denn gerade, wenn es um Ablehnung geht, können wir uns nicht einfach befehlen, diese nicht als persönlichen Angriff zu werten. Dennoch ist es sinnvoll, sich nicht alles zu Herzen zu nehmen. Wenn es um das Verkaufen geht, ist es hilfreich, sich immer wieder klar zu machen, dass ein Nein des Kunden sich auf das Angebot bezieht und nicht automatisch eine Ablehnung der eigenen Person beinhaltet.

Auch wenn Sie Dienstleistungen anbieten, können Sie versuchen, sich ein Stück weit davon frei zu machen, indem Sie Ihr Angebot als Ware betrachten und sich vergegenwärtigen, dass der Kunde zur Ware „Nein“ gesagt hat und nicht zu Ihnen als Person. Um langfristig ein etwas dickeres Fell zu haben, hilft eine kontinuierlich positive Beschäftigung mit sich selbst. Dies kann auf unterschiedliche Weise geschehen. Wege hierzu finden Sie im Kapitel Strategie.

Sich frei machen von Erfolgsdenken

Wer ist schon frei von Erfolgsdenken. Gerade in unserer Leistungsgesellschaft haben wir gelernt, uns anhand von Erfolg und Leistung zu definieren. Damit wird jeder Misserfolg zu einem Gegner, den wir am liebsten ausklammern wollen. Als Kinder dürfen wir noch üben und lernen, als Erwachsene gestehen wir uns dies oft nicht zu und erheben den Anspruch an uns, dass wir sofort und auf der Stelle erfolgreich zu sein haben. Dies setzt einen immer wieder unter Druck. Wichtig ist, locker zu bleiben und das Beste aus der Situation zu machen, auch wenn der erwartete Erfolg nicht sofort eintritt. Wer es schafft, sein Handeln nicht in die Kategorien von Erfolg und Misserfolg zu stellen und bereit ist, aus Fehlern zu lernen, der ist dem Erfolg schon ein großes Stück näher.

Ethisch handeln

Ein gutes Gewissen hilft, sich wohler zu fühlen. Das gilt für alles, was man tut, auch für das Verkaufen. Je mehr Ihr Handeln im Einklang mit Ihren Überzeugungen und Werten steht, umso weniger „Reibungsfläche" gibt es in Ihnen. Wertekonflikte sind dadurch zwar nicht ausgeschlossen, aber man bekommt eine solidere Basis, die auch dabei helfen kann, mit Ängsten besser umzugehen.

Zusammenfassung

Negativmechanismen, die durch Ängste ausgelöst werden, lassen sich nicht einfach auf Wunsch abstellen - quasi auf Knopfdruck oder Befehl. Das ist ein schrittweiser Prozess, der einige Zeit dauern kann, mitunter auch mehrere Jahre. Das macht aber gar nichts, denn im Prozess lernt man und je sicherer man wird, damit umzugehen, umso erfolgreicher wird man werden. Die Selbständigkeit ist ein wunderbares Lernpflaster, um zum einen zu sich zu finden, zum anderen aber auch, diese vorhandenen Ängste in Handlungsfähigkeit zu verwandeln. Es geht also darum, zu akzeptieren, dass solche Ängste zu behandeln sind. Wenn man merkt, dass man blockiert ist, nicht in die Gänge kommt, sich der Erfolg nicht einstellt oder man trotz extrem hohem Arbeitseinsatz kaum Umsätze erzielt, dann sollte man einfach mal schauen, inwieweit sich eine oder mehrere dieser Ängste auf die eigene Befindlichkeit auswirken und dadurch den Verkaufserfolg hemmen? Das ist wesentlich zielführender, als in einem Verkaufstraining die Rhetorik zu verbessern oder die neuesten Verkaufskniffe kennen zu lernen.

Ethik

Verantwortungsgefühl ist der Beginn aller Handlungen.
Bereitwilligkeit ist der Antrieb aller Handlungen.
Selbstlosigkeit ist der große Höhepunkt aller Handlungen.

Sri Chinmoy, spiritueller Lehrer, 1931 – 2007

Es kann niemand ethisch verantwortungsvoll leben, der nur an sich denkt und alles seinem persönlichen Vorteil unterstellt.
Du musst für den anderen leben, wenn du für dich selbst leben willst.

Seneca, röm. Philosoph, ca. 1 – 65

Ethische Grundsätze

Was ist Ethik? Diese Frage lässt sich gar nicht so leicht beantworten. Je mehr man sich damit beschäftigt, umso schwerer lässt sich genau fassen, was der Begriff an sich bedeutet. Es gibt Gesinnungsethik, Situationsethik oder Verantwortungsethik neben philosophischer, auf Vernunft basierender Ethik und theologischer Ethik. Jede Religion hat dann wiederum ihre eigene ethische Definition. Aber man bekommt ein Gefühl dafür, wie wichtig es Philosophen, Theologen und anderen Wissenschaftlern war, bzw. ist, dem Menschen eine Handlungsanleitung zu geben, die sich auf moralische Werte stützt. In allen gesellschaftlichen, wissenschaftlichen und wirtschaftlichen Bereichen finden sich Bemühungen, Handlungen und Handlungsmotive, die unter ethischen Gesichtspunkten zu beleuchten sind. Ganz egal, ob Robert Oppenheimer vor der Atombombe warnte, Claus Hipp mit seinem Unternehmen Pionierarbeit leistete in Bezug auf Bioqualität oder Martin Luther King um soziale Gerechtigkeit kämpfte, die Grundlage hierfür bildeten bzw. bilden ethische Maßstäbe. Interessant ist dabei, dass sich trotz der großen Vielfalt an Kulturen, Religionen, Lehren und Ansichten über Ethik, überall die gleichen Ideale wieder finden: Liebe, Achtung vor dem Mitmenschen, Streben nach Gewaltlosigkeit, Respekt und Mitgefühl.

Die nachfolgenden ethischen Grundsätze stammen von den Rosenkreuzern, einer Randbewegung im christlichen Bereich. Sie sind als Handlungsanleitung für den Einzelnen formuliert und decken sehr schön die verschiedenen Aspekte, die ethisches Handeln umfasst, ab und machen deutlich, dass Ethik sehr viel mit der eigenen Haltung zu tun hat.

Beherzige bei jeder Deiner Handlungen:

Sei geduldig, denn nur die Geduld nährt die Hoffnung, und die Zeit wird zum Gefährten auf dem Pfade des Lebens.

Habe Vertrauen, denn das Selbstvertrauen ist eine Quelle zur Entfaltung, und das Vertrauen zu den anderen wird zur Quelle der Freundschaft.

Sei maßvoll, denn Mäßigkeit hindert jegliches Übermaß und verschafft Beruhigung.

Sei tolerant, denn Toleranz erweitert den Geist und begünstigt zwischenmenschliche Beziehungen.

Sei gelöst, denn Loslassen gewährt Freiheit und fördert inneren Reichtum.

Sei großzügig, denn Großzügigkeit bereichert Schenkende und Beschenkte.

Sei bescheiden, denn man wächst durch Bescheidenheit, und sie vermittelt die Achtung der anderen.

Habe Mut, denn im täglichen Leben ist Mut aufbauend und gibt Kraft bei Widrigkeiten.

Sei gewaltlos, denn Gewaltlosigkeit fördert die innere Harmonie und verbreitet Frieden für alle Wesen.

Sei wohlwollend, denn Wohlwollen erfreut das Herz und verschönert die Seele.[5]

Als weitere wichtige Punkte ergänze ich hier noch:

Sei ehrlich, denn Ehrlichkeit ist eine wichtige Grundlage für authentisches Handeln und die Basis für Vertrauen.

Sei liebevoll, denn wer sich selbst liebt und einen liebevollen Umgang mit anderen pflegt, dessen Beziehungen sind von einer besonderen Qualität und Tiefe.

Sei achtsam, wenn es um die Bedürfnisse anderer geht, denn so sehr es Dir zusteht, Dich frei zu entfalten, die Durchsetzung Deiner Wünsche hat ihre Grenzen dort, wo sie Schaden und Nachteile für andere erzeugt.

Und in Zeiten, wo viel über Klimaschutz diskutiert wird, darf auch der Blick auf ökologische Werte und Umweltschutz nicht fehlen.

Ähnliche Formulierungen und Handlungsanleitungen finden sich in der Bibel, im Koran, in den indischen Veden oder anderen religiösen Schriften ebenso, wie bei den großen Denkern der Antike und Moderne, von Aristoteles bis Kant, oder spirituellen Lehrern wie dem Dalai Lama, Pir Vilayat Khan[6] oder Sri Chinmoy.

---

[5] veröffentlicht als Anzeige der Rosenkreuzer in der Süddeutschen Zeitung am 27. November 2009

[6] Oberhaupt des Sufi-Ordens, ✝ 17.6.2004

Ethik ist etwas, das sich durch die Menschheitsgeschichte hindurch zieht wie ein roter Faden. Zu jeder Zeit gab es das Bemühen, den Menschen daran zu erinnern, dass es wichtig ist, Werte im Leben zu achten und danach zu streben, gütig und gut zu sein. Dies betrifft alle gesellschaftlichen Schichten und alle Bereiche, Wirtschaft und Politik ebenso, wie Sport oder Kultur. Die Verkaufsethik führt hier bisher ein Schattendasein. Es wird Zeit, sie ans Licht zu bringen.

Ethischer Einkauf – Ethischer Verkauf

Es gibt so etwas wie Konsumethik. Dabei geht es darum, beim Einkaufen darauf zu achten, dass die Produkte im Einklang mit bestimmten Werten sind. Es gibt zahlreiche Organisationen, die dazu aufrufen, sich seiner Macht als Konsument bewusst zu werden und diese zu nutzen, damit ethische Grundsätze gewahrt werden können. Sei es Fair Trade, regionaler Bio-Anbau oder Boykottaufrufe gegen manche Hersteller. Sie alle verfolgen dieses Ziel. Die Folge ist, dass immer mehr Menschen sich Gedanken machen, was sie kaufen und sich ihrer Macht als Konsument bewusst werden.

Aber haben Sie schon einmal einen Aufruf gehört, nur ethisch wertvolle Produkte zu ***ver***kaufen? Wurde schon einmal über die Macht des Verkäufers diskutiert? Was wäre, wenn sich für ein Produkt niemand findet, der es verkaufen will, weil es nicht dem entspricht, was nach ethischen Kriterien als sinnvoll erachtet wird? Ist es überhaupt denkbar, dass solche Kriterien aufgestellt werden? Würde das in etwa dem entsprechen, was in dem Satz ausgedrückt wird: „Stell Dir vor es ist Krieg und keiner geht hin“ Wäre die Vorstellung genauso unrealistisch? Würde sich nicht immer irgendjemand finden, um das Produkt zu verkaufen? Würde es nicht immer jemanden geben, der bereit ist, Werte dem (eigenen) Profit oder Vorteil zu opfern?

Wie steht es mit der Macht des Verkäufers? Wie könnte sich die Wirtschaft verändern, wenn im Verkauf ethische Werte auf hohem Niveau umgesetzt werden würden? Halten Sie ruhig einen Augenblick inne, und lassen Sie diese Fragen in Ruhe auf sich wirken.

Ethik und Verkauf – passt das zusammen?

Wer macht sich Gedanken zum Thema Ethik in Verbindung mit dem Verkaufen? In der öffentlichen Diskussion ist dieses Thema bisher zumindest kaum zu finden, auch wenn die Themen Ethik in der Wirtschaft und moralische Verantwortung für Menschen und Umwelt immer mehr Raum einnehmen. Wenn über Ethik diskutiert wird, dann beschränkt sich das Ganze allenfalls auf Managergehälter, nachhaltiges Wirtschaften, Klimaschutz oder soziales Engagement. Der Verkauf bleibt von der Diskussion (noch) unberührt.

Dabei ist gerade der Verkauf ein zentraler Bestandteil des Wirtschaftens. Letztlich kann man sagen, dass alle vom Verkaufen leben, von der Putzfrau bis zum Topmanager, jeder verkauft etwas oder lebt davon, dass seine Firma etwas verkauft, auch dann, wenn er selbst nicht direkt im Verkaufsprozess eingebunden ist. Der Verkaufsbereich ist der Bereich, in dem der Umsatz generiert wird. Hier herrschen Zahlen vor, werden Umsatzziele festgelegt, Quoten vorgegeben und ganz schnell Werte dem Profit geopfert. Wenn es darum geht, das eigene Produkt oder die eigene Dienstleistung „loszuwerden", erscheint oft jedes Mittel recht.

Wir alle kennen aggressive Verkaufs- und Marketingstrategien. Es gibt viel Literatur über Werbepsychologie, Kaufverhalten, Bedarfsweckung, Einwandbehandlung und Präsentation, die uns Werkzeuge an die Hand gibt, unser Angebot so zu gestalten, dass es für unsere Zielgruppe möglichst attraktiv ist. Um den Kunden zu überzeugen, gehen so manche Skrupel über Bord, frei nach dem Motto: Ein bisschen Manipulation –

wem schadet das schon? – „Hauptsache die Zahlen stimmen." Schließlich hängt der Erfolg jedes Unternehmens von seiner Fähigkeit ab, seine Produkte oder Dienstleistungen erfolgreich zu verkaufen. Egal, wie gut die Qualität des Angebots ist, wer nicht in der Lage ist, Käufer zu finden, verschwindet schnell wieder vom Markt. Wer möchte das schon riskieren?

- Kein Wunder also, dass gerade der Verkaufsbereich so sehr von Profitdenken geprägt ist?
- Kein Wunder, wenn Verkäufer alles tun, um hohe Abschlussquoten zu erzielen, besonders in unsicheren Zeiten?
- Kein Wunder, wenn jedes Jahr die Vertriebsziele angehoben werden, damit noch bessere Umsätze erzielt werden können?
- Kein Wunder, dass dabei Gedanken an Ethik und Werte wenig Raum finden?

Dabei haben viele Menschen eine Grundsehnsucht nach ethischen Werten oder guter Behandlung im Verkauf – und zwar vor allem, wenn sie sich auf der Kundenseite befinden und nicht auf der Seite des Verkäufers. Es ist viel angenehmer, freundlich begrüßt zu werden, als den gelangweilten Blick eines Einzelhändlers zu ernten. Es ist angenehmer, zu wissen, dass man gut beraten wird und auf die Ratschläge vertrauen kann, anstatt ständig misstrauisch ein Angebot nach Fallen prüfen zu müssen. Und ist es nicht auch angenehm zu wissen, dass einem neben einem guten Preis/Leistungsverhältnis ein angemessener Nutzen geboten wird? Als Kunde machen wir uns durchaus Gedanken darüber, wie wir behandelt werden wollen. Doch wie sieht es aus, wenn wir selbst der Verkäufer sind. Worüber machen wir uns Gedanken? Darüber, wie wir möglichst schnell an möglichst viele zahlungskräftige Kunden kommen, damit wir möglichst viel Geld verdienen? Darüber, wie wir langfristig unsere Existenz sichern – unabhängig davon, ob das auf Kosten statt zum Nutzen anderer geht? Im betriebswirtschaftlichen Denken geht es darum, Gewinn zu erwirtschaften, um weiter bestehen zu können. In Verkaufsbereichen, in denen Provisionen gezahlt werden, ist dies noch stärker ausgeprägt, als bei der Bezahlung nach Stunden.

Das wirft automatisch weitere Fragen auf: Wie weit ist es vertretbar, nur auf die eigene Umsatzsteigerung zu achten? Wo werden Kundenbedürfnisse dem eigenen Profitstreben untergeordnet? Inwieweit ist es wichtig, sich darüber Gedanken zu machen, was man verkauft? Inwieweit vertragen sich hohe Provisionierungen und Leistungswettkampf mit einem ethischen Wirtschaftsansatz

Sind Unternehmen nicht dazu da, Gewinn zu erzielen? Dient der Verkauf nicht letztlich dazu, genau das zu erreichen? Natürlich ist das so, und ohne den Verkauf gäbe es keinen Gewinn und kein vernünftiges Wirtschaften. Aber die Frage ist, ob ein Fokus, der ausschließlich auf Gewinnerzielung ausgerichtet ist, tatsächlich langfristig Erfolg bringt. Wir profitieren zwar tagtäglich davon, aber es geht auch um das Wie, das Was und das Wofür. Wenn wir uns Gedanken über ethisches Wirtschaften machen, dürfen wir den Verkaufsprozess daher nicht einfach ausklammern.

Im Verkauf geht es um Profit, in der Ethik geht es um Werte, da treffen erst einmal zwei Welten aufeinander, die wenig miteinander zu tun zu haben scheinen. Der Verkäufer befindet sich in dem Dilemma, Umsatz generieren zu müssen und dabei nach ethischen Grundsätzen zu handeln. Diesen Widerspruch gilt es aufzulösen. Denn hohe ethische Maßstäbe anzulegen, impliziert nicht notwendigerweise weniger Gewinn. Es bedeutet auch nicht, dass man sich blauäugig und ohne vernünftige Strategie auf dem Markt bewegt. Die besten Beispiele dafür, dass beides vereinbar ist, zeigen sich gerade am Boom der Biobranche, sowohl bei Lebensmittel als auch bei Naturkosmetik und Gesundheitsprodukten. Transparenz schafft hier Vertrauen, ebenso wie die hohe Qualität der Produkte, kombiniert mit konsequentem Marketing. Dabei werden vom Kunden höhere Preise in Kauf genommen, da der Nutzen erkannt wird. Ethisches Verkaufen wird jedoch nicht allein durch die Produkte und deren Qualität definiert. Es umfasst wesentlich mehr. Aber schauen wir uns zuerst an, wie schnell beim Verkaufen die Ethik verloren gehen kann.

Feinde der Ethik

Wie sich ethische Standards im Handeln niederschlagen, das ist die individuelle Entscheidung jedes Einzelnen, die sich aus der Situation heraus ergibt und von vielen Faktoren beeinflusst werden kann. Keine Kultur kann garantieren, dass ihre Mitglieder sich an ihren hohen Idealen orientieren. Außerdem kann ein bedrohender Faktor sämtliche Werte in den Hintergrund drängen.

Das kann die Bedrohung der Existenz sein, Angst oder Manipulation. In Extremsituationen wird dies sehr häufig sichtbar. Beispiele hierzu finden sich bei der Verfolgung von Minderheiten in vielen Ländern, die aufgrund der Annahme erfolgt, dass der Mehrheit etwas fehlen würde, wenn die Minderheiten mehr Rechte bekämen. Tragisch wird es, wenn diese in brutale Verfolgungen münden und das menschliche Miteinander vollkommen verloren geht. Das gilt letztlich auch für das Verkaufen, wenn auch nicht in so radikaler Ausprägung wie bei der Verfolgung von Menschen. Die Negativmechanismen, die zu unethischem Verhalten führen, bzw. ethisches Verhalten verhindern, sind aber die gleichen:

- Egoismus
- Streben nach Macht und Prestige
- (Profit)Gier
- Angst
- Gruppenzwang

Das sind die wesentlichen Gründe, warum ethische Grundsätze in der praktischen Umsetzung schnell aufgegeben werden. Was Menschen dazu verleitet, egoistisch und gierig zu werden, lässt sich so einfach nicht beantworten und würde an dieser Stelle zu weit führen. Das ist eher ein Thema für die Psychologen. Sicher ist jedoch, dass es verschieden starke Ausprägungen gibt, die sich je nach Situation unterschiedlich darstellen können. Wer egoistisch ist und seine Bedürfnisse in den Mittelpunkt seines Handelns stellt, wird sich schwer tun mit Bescheidenheit und Großzügigkeit anderen gegenüber. Machtstreben und Prestigedenken verhindern schnell eine wohlwollende Haltung und verleiten eher zu Konkurrenzkampf und Rücksichtslosigkeit. Profitgier und Gier im Allgemeinen, führen zu dem Bestreben, immer mehr an Verdienst und Besitz haben zu wollen. Eine rein materialistische Einstellung ist Gift für jegliches Werteempfinden und entzieht die Basis für viele ethische Grundsätze. Diese drei Punkte hängen sehr stark zusammen und können einander noch potenzieren.

Mit der Angst verhält es sich etwas anders. Wer aus Angst heraus ethische Grundsätze aufgibt, handelt zwar auch eher aus einer egoistischen Haltung heraus, deren tiefere Ursache ist aber oft Verzweiflung aus Furcht vor Sanktionen oder fehlendem Handlungsspielraum, der dem Einzelnen keine Wahlfreiheit lässt und keine Handlungsalternativen zuzulassen scheint. Am gravierendsten wirkt sich die Existenzangst aus. Wer glaubt, dass die eigene Existenz bedroht ist, und nicht gelernt hat, damit umzugehen, fällt schneller in das Fahrwasser unethischer Handlungsweisen. Im Niedriglohnbereich finden sich nach wie vor Tausende von Arbeitskräften, die in Ermangelung einer besseren Arbeitsstelle in Callcentern für einen schlechten Stundenlohn anhand monotoner Gesprächsleitfäden unseriöse Angebote anpreisen. Das ist ein typisches Beispiel für Existenzangst in Ermangelung anderer Perspektiven. Der Wert, das eigene „Überleben“ zu sichern, drängt die anderen Werte dabei zurück. Dabei ist nicht ausschlaggebend, ob die Existenzangst eine realistische Bedrohung darstellt. Es reicht vollkommen aus, dass die Bedrohung als solche empfunden wird. Somit sind auch Menschen mit gutem Einkommen nicht automatisch davor gefeit, dieser Angst zu erliegen.

Ein weiterer großer Feind der Ethik ist Gruppenzwang. Solange die Mehrheit werteorientiertes Handeln für nicht sinnvoll hält, ist es schwierig, sich mit den eigenen Werten durchzusetzen. Dabei ist es egal, ob die Mehrheit in der Gesellschaft, der Firma oder der eigenen Abteilung zu finden ist.

Verurteilung anderer hält von eigenem „guten“ Handeln ab. Ganz abgesehen davon, dass es sehr ansteckend ist, sich Praktiken anzueignen, die bei anderen funktionieren, um nicht das Nachsehen zu haben und als dumm dazustehen.

Diese „Feinde“ der Ethik führen dazu, dass im Verkauf immer wieder Praktiken zu finden sind, die ethische Grundsätze verletzen und zum Schaden des Käufers sind. Nachfolgend möchte ich hierzu einige Beispiele anführen:

- Überredungs-Rhetorik und Aufdringlichkeit
  AUA: Anhauen, umhauen, abhauen. So könnte man es auch nennen. Und diese Methode gibt es tatsächlich. Sie war lange Zeit sehr beliebt bei Versicherungsmaklern, denen egal ist, was sie verkaufen, solange es viel ist und sie ihre Provision bekommen.

  Aber auch in anderen Bereichen trifft man häufig auf Verkäufer, die versuchen, einen zu überreden, anstatt mit Qualität und sachlichen Argumenten von ihrem Angebot zu überzeugen.

- Mogelpackungen
  Diese finden sich vor allem im Einzelhandel. Dem Konsumenten wird suggeriert, dass das Produkt im Preis gleich geblieben ist. Durch Verringerung der Menge oder Umstellen der Verpackungs-

einheit findet jedoch eine indirekte Preiserhöhung statt, die erst sichtbar wird, wenn man ganz genau nachprüft, was man in der Hand hält.

- Lockangebote
  Gegen Aktionspreise ist nichts einzuwenden. Kritisch wird es aus ethischen Gesichtspunkten aber dann, wenn über Werbung suggeriert wird, dass alle Artikel billiger als woanders sind, aber stattdessen auf der Basis einer Mischkalkulation ein Teil des Sortiments unter dem Einstandspreis angeboten wird, andere Preise aber dafür teurer als der Marktdurchschnitt kalkuliert werden. Oder wenn das Angebot einen billigen Preis vorgibt, es sich aber gar nicht um einen Sonderpreis handelt.

- Schlechte Qualität wird als gute verkauft
  Hierzu findet man in der Gastronomie zahlreiche Beispiele. So ist es erstaunlich, wie viele Menschen tagtäglich auf die Verkaufsstrategien von Fastfoodketten hereinfallen. Schöne Bilder preisen Frische an und hohe Qualität. Das mit der Frische mag ja noch stimmen, aber wie hoch ist die Qualität tatsächlich, wenn der Nährwert des Essens gegen Null tendiert? Man muss kein Ernährungsexperte sein, um zu wissen, dass nicht viel drin ist in weißen industriell gefertigten Semmeln und frittierten Kartoffeln oder Fleischstücken. Die Verkaufsbotschaft ist jedoch eine andere.

- Billig auf Kosten anderer
  Ein aktuelles Beispiel aus diesem Bereich, ist die Milchpreisdiskussion. Durch zu niedrige Endpreise, erhalten die Landwirte nicht mehr ihren Aufwand entschädigt. Unabhängig davon, dass die Subventionspolitik der EU und die Konkurrenzsituation zu dem Marktdilemma beitragen, stellt sich die Frage, inwieweit es

vertretbar ist, als Händler Gewinne einzustreichen, aber den Hersteller des Produktes verhungern zu lassen, indem man den Preis für Milch kaputt macht. Gleiches gilt für Billigimportware und andere Billiglohnbereiche, egal ob national oder international.

- Unangemessenes Preis-Leistungsverhältnis
  Zwei Duschgels gleichen Inhalts: eines kostet 1,50 Euro, das andere 4,90. Wer regelmäßig Testberichte der Stiftung Warentest oder von Ökotest liest, stößt öfter auf dieses Phänomen. Hoher Preis ist nicht immer gleichbedeutend mit guter Qualität.

- Weglassen von Optionen
  Dem Kunden wird suggeriert, dass man ihm das beste Angebot macht, das der Markt in seinem ganz individuellen Fall zu bieten hat. Verkauft wird ihm jedoch das Standardprodukt X, aufgrund von internen Vorgaben oder weil es die höchste Provision für den Verkäufer einbringt. Das ist eine sehr gängige Praxis bei Wertpapierhändlern in Banken und bei vielen Maklern im Finanzdienstleistungsbereich.

- Teure Zusatzleistungen
  Beispiele hierfür findet man im Elektronikbereich. Extra Akkus, Ladekabel oder Chips, die im Preis für das Grundgerät nicht genannt werden, ohne die das Gerät aber nicht funktioniert.

  Auch beim Autokauf zahlt man für jedes Extra separat. Das an sich ist noch gar nicht zu verurteilen. Aber wenn Preise und Leistungen nicht klar deklariert sind und dem Käufer suggeriert wird, dass er alles inklusive erhält, kann man nicht von einer offenen und fairen Vorgehensweise sprechen.

- Illegale Praktiken

  Besonders im Lotteriebereich, aber auch beim Verkauf von Immobilien oder Versicherungen werden vor allem bei der telefonischen Kundengewinnung aktuelle Gesetze ignoriert. So ist es sehr grenzwertig, Geschäftsführer oder Mitarbeiter in Firmen anzurufen, mit dem Ziel, eine private Krankenversicherung oder eine Immobilie anzubieten. Das ist ein plumper Versuch, das Verbot der telefonischen Kaltakquise im Privatbereich zu umgehen, indem man die Telefonate als Geschäftsanrufe tarnt.

  Auch die nach wie vor häufig anzutreffende Praxis von angeblichen Gewinnspielunternehmen, die mit der falschen Behauptung, man hätte etwas gewonnen, Kontodaten erfragen, um dann Geld abzubuchen, ist nicht nur unethisch sondern schlichtweg gesetzeswidrig.

Die Sache mit der Provision

Bei Provisionierungen zählt nicht die Leistung, sondern das Ergebnis. Das ist schon fast wie eine Einladung zu unethischem Handeln. Nicht der Verkäufer, der die beste Beratung durchführt und viel Zeit investiert, um dem Kunden ein passendes Angebot zu erstellen, wird honoriert, sondern derjenige, der in kurzer Zeit die meisten Aufträge abschließt. Die Frage nach dem Wie wird oft gar nicht erst gestellt – Hauptsache die Zahlen stimmen.

Kein einziger Bereich in der Wirtschaft ist so stark von Provisionszahlungen geprägt wie der Verkauf. In keinem tragen Mitarbeiter so ein hohes Risiko auf ihren Verdienst.

Man könnte nun entgegenhalten, dass die anderen Wirtschaftsbereiche, wie Forschung, Service, Buchhaltung etc. nicht so leicht messbar sind wie die Verkaufszahlen. Das ist richtig, aber berechtigt dies gleich dazu, Leistung nicht angemessen zu honorieren? Der Verkaufserfolg hängt von vielen Kriterien ab. Das Vorgehen und die Rhetorik des Verkäufers sind zwar ein wichtiger Part im gesamten Prozess, aber nicht immer ausschlaggebend für den Erfolg. Dieser hängt auch noch von der Qualität des Angebots, dem Budget des potenziellen Käufers oder der Konkurrenzsituation ab. Alles Dinge, auf die der Verkäufer selbst wenig Einfluss nehmen kann. Warum soll dann gerade er so ein hohes Risiko tragen? Oder ist schon einmal jemand auf die Idee gekommen, dem Buchhalter nur sein Gehalt zu bezahlen, wenn ein Gewinn erwirtschaftet wird?

Provisionierung führt zu Konkurrenzdenken unter den einzelnen Verkäufern, was zum Teil gewollt ist, um diese zu noch mehr Leistungen anzuspornen. Dieser Leistungsdruck geht auch zu Lasten des Kunden, wenn vor allem die Zahlen im Vordergrund stehen und Verkäufer wenig motiviert sind, dem Kunden Entscheidungsfreiräume zu lassen. Zeit ist schließlich Geld in diesem Fall. Diese Art zu denken führt aber auch zu mehr Angst und Unsicherheit. Vor allem in Krisenzeiten kann sich dies potenzieren. Den Unternehmer stört das weniger, denn er zahlt ja den Verkäufer nur im Erfolgsfall. Aber, was ist das für eine Mentalität, die auf Angst und Konkurrenzdruck ausgelegt wird? Selbst, wenn diese Vorgehensweise nach wie vor sehr üblich ist, sollte sie kritisch hinterfragt werden. Denn auch das ist eine Frage der Ethik im Verkauf. Es wäre doch sicher spannend, Verkäufer nach ihrem ethischen Handeln zu bezahlen und nicht nach kurzfristigen Erfolgen.

Basis ethischen Handelns im Verkauf

Um im Verkauf ethisch handeln zu können, ist ein Umdenken erforderlich. Das betrifft nicht nur die Argumentation und das Vorgehen an sich, sondern vor allem die Bereitschaft, Erfolg neu zu definieren. Wer Erfolg ausschließlich an materiellen Kriterien misst, wird sich schwer tun mit der Ethik im Verkauf. Zu leicht kann sich die Angst breit machen, nicht mehr genug zu verdienen, auf Boni verzichten zu müssen und damit finanzielle Einbußen in Kauf zu nehmen, verbunden mit schlechterem Prestige etc. Hinzu kommt der scheinbare Verlust gesellschaftlicher Anerkennung. Wichtig ist, den Widerspruch aufzulösen. Ethisches Handeln schließt erfolgreiches Wirtschaften nicht aus. Der Ansatz ist nur ein anderer. Statt ausschließlich den Fokus auf immer höhere Umsätze zu legen, rücken die Bedürfnisse des Kunden und das Bieten eines hohen Nutzens in den Mittelpunkt des Verkaufsprozesses.

Um eine Alternative zum rein materiellen bzw. leistungsbezogenen Denken zu erhalten, ist die nachfolgende Definition von Erfolg sehr hilfreich:

> *„Erfolg hat der erreicht, der gut gelebt, oft gelacht und viel geliebt hat; der das Vertrauen von Frauen reinen Sinns genossen hat, den Respekt intelligenter Männer und die Liebe kleiner Kinder; der seine Nische ausgefüllt und sein Werk verrichtet hat; dem es nie an Wertschätzung für die Schönheit der Erde gemangelt und wer es nie versäumt hat, diese zum Ausdruck zu bringen; wer die Welt in einem besseren Zustand hinterlassen hat, als er sie vorfand, ob mit einer verbesserten Art von Mohn, einem perfekten Gedicht oder einer befreiten Seele; wer immer nach dem Besten in anderen Ausschau gehalten und ihnen das Beste gegeben hat, was ihm zur Verfügung stand; wessen Leben eine Quelle der Inspiration war; wessen Andenken einer Segnung gleichkommt.“*[7]

Man kann diesen Text als Inspiration und Ansporn verwenden, täglich etwas besser zu werden, aber auch als kleine Mahnung, um sein eigenes

[7] Bessie Anderson Stanley: *Success*, 1994. In: Roy Martina: *The Missing Link*. So wenden Sie „The Secret“ richtig an, Koha, 2009

Verhalten zu überprüfen und zu korrigieren, dort wo man es für notwendig hält.

Eine weitere wichtige Grundlage für ethisches Handeln ist die Bereitschaft, überhaupt ethisch handeln zu **wollen**. Wer keinen Sinn darin sieht, ehrlich, offen und gut zu handeln und auf die Bedürfnisse anderer einzugehen, und meint, dass es besser und strategisch richtiger ist, zum eigenen Vorteil zu agieren, den werden oben genannte Erfolgskriterien wenig motivieren. Allerdings sollten die Konsequenzen des eigenen Handelns gut bedacht werden, denn jede Tat und jeder Gedanke kehrt zurück – dazu im nächsten Kapitel mehr.

Menschen, die viel besitzen, werden oft beneidet, aber dieser Besitz ist vergänglich. Menschen, die hingegen das tun, was sie zufrieden macht, besitzen etwas, was ihnen niemand nehmen kann. Wichtig ist hier jedoch festzuhalten, dass Zufriedenheit im Inneren, Reichtum im Äußeren nicht ausschließt. Ethik ist keine Frage des äußeren Wohlstands, sondern eine Frage des Charakters und wie das eigene Wertesystem in der Praxis gelebt wird. Menschen, die nach hohen Werten streben, werden manchmal belächelt oder als naiv und weltfremd eingestuft. Für Idealismus scheint kein Platz zu sein in unserer schnelllebigen Leistungsgesellschaft. Aber es sind gerade jene Menschen, die hohe Werte vertreten, die viel erreichen, nicht nur für sich, sondern auch für andere. Denn wer von hohen Idealen angetrieben wird, ist oftmals viel motivierter als derjenige, der nur auf materielle Werte baut.
Welche Maßstäbe setzen Sie an?

- Zufriedenheit
- gutes Gewissen
- sich selbst ins Gesicht schauen können, bei allem, was man tut oder
- kurzfristige Gewinnmaximierung

- materielle Vorteile
- Komfort

Veränderungen zuzulassen und Lernbereitschaft an den Tag zu legen, gehört mit zu der Entwicklung hin zu einer größeren Werteorientierung. Sofort alle ethischen Grundsätze zu hundert Prozent zu erfüllen, ist ein hehres Ziel, aber für die meisten wohl doch etwas zu weit weg. Das darf sich ruhig Schritt für Schritt weiterentwickeln. Es geht nicht darum, sofort alles richtig zu machen. Ethische Grundsätze in die Praxis bzw. im Verkaufsprozess umzusetzen, beinhaltet auch die eine oder andere Herausforderung in Form von Wertekonflikten oder anderen Dilemmata. Es ist nicht einfach eine neue Methode, die man sich aneignet. Es ist ein persönlicher Prozess, der einem auch einiges abverlangen kann. In diesem Zusammenhang ist auch Geduld mit sich selbst sehr wichtig.

Plädoyer für eine neue Verkaufskultur

Kann man allgemein gültige Regeln für den Verkaufsprozess nach ethischen Grundwerten aufstellen? Wie relevant sind dabei folgende Kriterien?

- Respekt vor dem Menschen (dem Kunden)
- Produkt, das mängelfrei ist und einen sinnvollen Nutzen bietet
- Verkaufsgespräch frei von Manipulation
- Kunde erhält Raum für die Entscheidung
- Profit ist nicht ausschlaggebend, sondern was der Kunde möchte
- Preis und Leistung stehen in einem angemessenen Verhältnis
- Kunde wird zur Konkurrenz geschickt, wenn er dort das bekommt, was er sucht (sofern man es nicht bieten kann)

Wie verkauft wird, hängt nicht zuletzt vom Verkäufer selbst ab. Anhand der oben erwähnten ethischen Grundsätze kann man auch Empfehlungen für das Verhalten im Verkauf ableiten. Ich tue dies nachfolgend beispielhaft und mit stichwortartiger Aufzählung, einfach um die verschiedenen Möglichkeiten aufzuzeigen, die diese Grundsätze betreffen können.

Sei geduldig, denn nur die Geduld nährt die Hoffnung, und die Zeit wird zum Gefährten auf dem Pfade des Lebens.

- Geduld ist wichtig, vor allem bei der Existenzgründung, hier braucht der Verkauf zu Beginn einen längeren Atem, als wenn das Geschäft schon etabliert ist
- Kaltakquise allgemein ist ein langfristiger Beziehungsaufbau, bei dem man mit Geduld weiter kommt, als nur mit Druck ausüben
- Entscheidungsprozesse sollten beachtet werden, manche Firmen brauchen eine gewisse Vorlaufzeit, das gilt insbesondere für größere Investitionen.

Habe Vertrauen, denn das Selbstvertrauen ist eine Quelle zur Entfaltung, und das Vertrauen zu den anderen wird zur Quelle der Freundschaft.

- Vertrauen in das eigene Produkt
- Vertrauen in die eigenen Fähigkeiten und die Überzeugungskraft, die man als Person hat
- Zeit nehmen für den Vertrauensaufbau zum zukünftigen Kunden

Sei maßvoll, denn Mäßigkeit hindert jegliches Übermaß und verschafft Beruhigung.

- nicht die Provision sollte im Vordergrund stehen, sondern das optimale Angebot
- nicht verleiten lassen von reinem Profitdenken

Sei tolerant, denn Toleranz erweitert den Geist und begünstigt zwischenmenschliche Beziehungen.

- ein begründetes Nein im Verkaufsgespräch sollte respektiert werden
- Überzeugen, nicht überreden

Sei gelöst, denn Loslassen gewährt Freiheit und fördert inneren Reichtum.

- dem Kunden Raum und Zeit für seine Entscheidung geben
- entspannt in den Verkaufsprozess einsteigen
- locker bleiben, auch wenn die Quote einmal weniger zufriedenstellend ausfällt

Sei großzügig, denn Großzügigkeit bereichert Schenkende und Beschenkte.

- Gedanken dazu machen, was ich dem Kunden bieten kann (Service, Zusatznutzen etc.)
- echten Nutzen bieten
- fair kalkulieren
- aber keine Rabattschlacht

Sei bescheiden, denn man wächst durch Bescheidenheit, und sie vermittelt die Achtung der anderen.

- angemessenes Preis-Leistungsverhältnis
- auch hier gilt, die Gier und das Streben nach „Mehr-haben-wollen“ zu zügeln

Habe Mut, denn im täglichen Leben ist Mut aufbauend und gibt Kraft bei Widrigkeiten.

- Wehren gegen überzogene Quoten von Vorgesetzen
- den eigenen Preis vertreten
- ethisch handeln, auch wenn man belächelt bzw. nicht verstanden wird

Sei gewaltlos, denn Gewaltlosigkeit fördert die innere Harmonie und verbreitet Frieden für alle Wesen.

- den Kunden nicht zu prügeln, ist sicherlich eine Selbstverständlichkeit, aber es geht auch darum, ihn nicht unter Druck zu setzen
- keine manipulativen Tricks

Sei wohlwollend, denn Wohlwollen erfreut das Herz und verschönert die Seele.

- freundliches Verhalten dem Kunden gegenüber
- den Kunden weder mit Preis noch mit schlechter Qualität über den Tisch ziehen

Sei ehrlich, denn Ehrlichkeit ist eine wichtige Grundlage für authentisches Handeln und die Basis für Vertrauen.

- Lügen sind eine schlechte Basis für langfristige Kundenbindung
- Ehrlichkeit ist sowohl in Bezug auf Produkte als auch Lieferzeiten und Wartungen wichtig
- keine Notlügen oder kleine Mogeleien

Sei liebevoll, denn wer sich selbst liebt und einen liebevollen Umgang mit anderen pflegt, dessen Beziehungen sind von einer besonderen Qualität und Tiefe.

- es ist wichtig, sich selbst zu mögen und die eigene Einzigartigkeit zu schätzen
- das schließt mit ein, dass man auch die Einzigartigkeit anderer schätzen kann
- schafft die Basis von Sympathie und Vertrauen im Verkaufsprozess

Sei achtsam, wenn es um die Bedürfnisse anderer geht, denn so sehr es Dir zusteht, Dich frei zu entfalten, die Durchsetzung Deiner Wünsche hat ihre Grenzen dort, wo sie Schaden und Nachteile für andere erzeugt.

- Gewinne sollten auf faire Weise erzielt werden
- Dem Kunden Zeit gewähren, die er für die Entscheidung benötigt
- Vergleichsangebote zulassen

Wer auf der Basis ethischer Grundsätze verkaufen möchte, kommt um eine Auseinandersetzung mit diesen Punkten nicht umhin. Vereinfacht herunter gebrochen kann man es auch mit dem bekannten Spruch sagen: „Was Du nicht willst, das man Dir tut, das füge keinem anderen zu."

- Möchten Sie überredet werden?
- Möchten Sie schlechte Qualität zu überzogenen Preisen einkaufen?
- Möchten Sie mit Lockangeboten zu hohen Ausgaben verführt werden?

Wichtig ist, das richtige Maß zwischen betriebswirtschaftlichen Gesichtspunkten und ethischen Maßstäben zu finden. In der täglichen Verkaufspraxis kann dies immer wieder zu einer neuen Herausforderung werden, vor allem, wenn konkurrierende Interessen aufeinander treffen. Das bedeutet aber nicht, dass man es nicht versuchen sollte.

Ebenen der Ethik im Verkaufsprozess

Die Ebenen, auf die sich ethisches Handeln umlegen lässt, sind vielschichtig. Natürlich betreffen sie nicht nur Verkäufer, sondern jeden in der Wirtschaft Agierenden. Eine Auseinandersetzung mit den einzelnen Ebenen ist auch für diese ratsam. Was die Ethik im Verkaufen betrifft, so sind folgende Aspekte von Interesse:

- Persönlichkeit: Auseinandersetzung mit dem eigenen Wertesystem
- Beziehungsebene: Wie handle ich in Bezug auf andere?
- Firmenphilosophie: Welche Werte vertritt meine Firma, wie stehe ich zu diesen?
- Produktebene: Welches Produkt verkaufe ich, wie ethisch vertretbar ist dieses Produkt? Welchen Nutzen biete ich?
- Finanzen

Persönlichkeit

Wir sind alle von unterschiedlichen Werten geprägt und agieren dementsprechend, das machen wir bereits automatisch. Es geht jedoch um eine bewusstere Auseinandersetzung mit dem Thema. Fragen Sie sich einmal ganz konkret, welche Werte Ihnen wichtig sind. Dann hinterfragen Sie in einem zweiten Schritt, inwieweit Sie dies im Handeln umsetzen und wo Sie Kompromisse machen. Es geht hier nicht um Verurteilungen, sondern einfach nur darum, den Status quo festzustellen. Findet man heraus, dass Werte und Handeln nicht im Einklang sind, kann man entscheiden, ob man etwas ändern möchte. So einfach, wie es hier in den wenigen Sätzen beschrieben wurde, ist die Sache allerdings gar nicht. Das Unangenehme an der Auseinandersetzung mit dem eigenen Wertesystem könnte sein, dass es den Status quo in Frage stellt und man sich vor der Wahl sieht, eingefahrene Handlungsweisen ändern zu müssen oder eine Konfrontation in Kauf nehmen zu müssen, der man lieber ausweichen möchte. Das ist sicherlich mit ein Grund, warum es viele nicht tun. Die Umsetzung eines hohen Werte-Ideals erfordert viel Mut und Konsequenz. Das gilt insbesondere dann, wenn man sich in einem Umfeld befindet, in dem ethische Grundsätze wenig Beachtung finden.

Wenn es um Veränderung geht, schaut man gerne auf die anderen. Es ist leichter, andere schnell zu verurteilen, wenn sie sich bereichern oder andere übervorteilen. Aber schauen wir doch mal auf den Alltag eines Verkäufers. Besteht da nicht die Gefahr, nur auf den Profit zu achten? Besteht nicht auch die Gefahr, den Kunden zu übervorteilen, um die ersehnte Provision zu erhalten? Besteht nicht auch die Gefahr, der Versuchung das schnelle Geld zu machen, zu erliegen und den Kunden zur Unterschrift zu drängen? Wem ethisches Handeln wichtig ist, der sollte nicht auf andere schauen, sondern sich selbst fragen: „Wo kann ich bei mir anfangen?“ Statt darauf zu warten, dass von oben eine Weisung kommt, kann man sein Handeln an hohen Wertmaßstäben orientieren.

Mag sein, dass man nicht gleich eine festgefahrene Unternehmenskultur umkrempeln kann, aber jeder kann beginnen, freundlicher, besser, zuvorkommender, und auch werte-orientierter zu handeln.

Die Ebene der Persönlichkeit hat sehr viel mit der Motivation des eigenen Handelns zu tun. Warum tue ich etwas und warum mache ich es auf genau die Art und Weise, wie ich es tue?

Um gut verkaufen zu können, hilft es authentisch zu sein, selbstbewusst zu wirken und vor allem eine gute Sprachgewandtheit zu haben. An der Persönlichkeit zu arbeiten, um die eigene Wirkung zu verbessern, gehört für viele ganz selbstverständlich dazu. Tun Sie dies aus einem echten Anliegen heraus, authentisch zu sein, oder ist das Verhalten geprägt von einer aufgesetzten freundlichen Fassade, die schnell in sich zusammenbricht, wenn der gewünschte Erfolg ausbleibt? Wie echt sind Sie wirklich? Ich meine damit nicht, dass Sie jedem alles von sich preisgeben sollten – auf gar keinen Fall. Wir reden hier nach wie vor von geschäftlichen Belangen und da gehören private Befindlichkeiten nur zum Teil hinein. Aber Sie merken es wahrscheinlich auch, ob Ihnen jemand ehrlich begegnet oder nur so tut, als würde er Ihnen ehrlich begegnen. Glauben Sie mir, Ihr Kunde merkt das bei Ihnen ganz genauso, wenn auch manchmal nur unbewusst.

Je erklärungsbedürftiger ein Produkt ist, umso stärker wiegt der persönliche Einfluss des Verkäufers auf die Entscheidungsfindung. Beobachten Sie einmal Ihr eigenes Verhalten: Neigen Sie dazu, Ihre Kunden zu manipulieren? Sind Sie eher der beratende zurückhaltende Typ? Was löst es bei Ihnen aus, wenn Sie wissen, Sie brauchen diesen Auftrag und der Kunde lässt sich viel Zeit mit der Entscheidung? Neigen Sie dazu, Druck auszuüben? Passt Ihr Verhalten zu Ihren Werten?

Was sind Ihre Motive, was sind Ihre Werte? Schauen Sie einfach mal hin. Und ändern Sie Ihr Verhalten – dort, wo Sie es für nötig halten. Und vielleicht auch dort, wo es ein wenig Anstrengung und Mut erfordert ...

Beziehungsebene

Natürlich gibt es zahlreiche Ratgeber zum Thema Kundenbindung und Kundengewinnung. Natürlich wird dort empfohlen, auf den Kunden einzugehen, Small Talk zu halten, und ihn mit positiven Argumenten zu gewinnen. Doch meist macht sich kaum jemand Gedanken, was der Kunde wirklich will und braucht. Frei nach dem Motto: Lieber Kunde, ich bin ja nett zu Dir, aber kauf gefälligst endlich, egal, was ich Dir anzubieten habe.

Die wohl wichtigste Ebene im Verkauf ist die Beziehungsebene. Hier findet die Kommunikation mit dem Kunden statt. Je hochwertiger ein Produkt oder eine Dienstleistung, umso entscheidender ist es, was in dieser Kommunikation geschieht. Kauft man sich morgens ein Brot in der Bäckerei, wird es einen weniger stören, wenn die Verkäuferin mürrisch ist, als wenn man sich für eine Massage interessiert. Je enger das Angebot mit der Person des Verkäufers zusammenhängt, umso wichtiger ist, dass die Beziehung von Sympathie geprägt ist und die Kommunikation nicht gestört wird.

Die meisten Verkaufstrainings beschäftigen sich schwerpunktmäßig mit der Kommunikation und der Entwicklung rhetorischer Raffinessen. Dabei wird oft davon ausgegangen, dass Verkaufen eine Angelegenheit rhetorischer Überzeugung ist und dass man nur die richtigen Argumente braucht, um den Kunden von seinem Angebot zu überzeugen. Wer mit reiner Methodik verkauft und sich noch dazu wenig Gedanken darüber macht, was der Kunde tatsächlich brauchen könnte, läuft schnell Gefahr, in jene Ecke des Verkaufens zu gelangen, wo es nur darum geht möglichst schnell einen Verkauf zum Abschluss zu bringen. In meiner vereinfachten Kategorisierung der Verkäufertypen, entspricht dies dem Drückertyp.

In Bezug auf ethisches Handeln könnte man vereinfacht sagen, dass der Drückertyp ein eher geringes Werteempfinden hat und der Beratertyp ein eher höheres. Insbesondere, wenn es darum geht, nur die eigenen Interessen zu vertreten, ist der Drückertyp ganz vorne mit dabei. Hauptsache der Umsatz stimmt und der Kunde kauft möglichst viel. Dabei werden Werte schnell dem Willen, unbedingt erfolgreich zu sein, geopfert bzw. untergeordnet. Der beratende Typ macht sich mehr Gedanken darüber, wie er eine gute Beziehung zum Kunden aufbauen könnte. Der Drückertyp überlegt eher, wie er den Kunden möglichst schnell überzeugen kann.

Beim Beratertyp kann die Beziehung zu Lasten des eigenen Erfolgs gehen. Liegt die Aufmerksamkeit zu stark darauf, zurückhaltend zu sein und dem Kunden unbedingt und immer genug Raum zu lassen, besteht die Gefahr, dass man den Kunden verliert. Daraus zu schließen, dass der Beratertyp automatisch eine höhere Ethik oder Wertschätzung dem Kunden gegenüber hat, wäre jedoch zu einfach. Ja, er reagiert in jedem Fall rücksichtsvoller, aber Werte definieren sich auch aus der Motivation des Handelns und so kann es durchaus sein, dass auch der Beratertyp mehr seinen eigenen Vorteil im Kopf hat, als den Nutzen des Kunden. Er ist halt nur nicht so ein versierter Verkaufsrhetoriker. Außerdem sollte man reine Rücksichtnahme und Angst vor Aufdringlichkeit nicht sofort gleich setzen mit einem hohen Wertebewusstsein. Ethisches Verkaufen heißt nicht, dass man nur lieb und nett mit dem Kunden redet. Es hat mehr mit einer Haltung dem Kunden gegenüber zu tun, die zum einen von Wertschätzung und Kundenorientierung geprägt ist, zum anderen von einer klaren Zielgerichtetheit – sonst wäre es kein Verkaufen. Ethisch Handeln bedeutet auch nicht, den Kunden bzw. Interessenten zu verhätscheln und ihm alles nachzutragen, oder sich alles gefallen zu lassen. Ein Verkäufer ist kein Bittsteller, der sich dem Kunden ausliefern muss. Respekt und Wertschätzung sind auf beiden Seiten wichtig.

Die Firmenphilosophie

Viele Firmen haben eine schriftliche Darstellung ihrer Werte und der hohen Ideale, nach denen sie angeblich arbeiten. Manche davon sind das Hochglanzpapier, auf dem sie gedruckt sind, nicht wert, denn die schönen Floskeln und blumigen Formulierungen beweisen sich häufig nicht. Das liegt oft weniger am guten Willen, als an der mangelnden Umsetzung in der Praxis. In der Theorie sind hohe Werte-Ideale schnell formuliert. Doch erst im täglichen Handeln zeigt sich, was die Buchstaben auf dem Papier wert sind und wie Werte in Unternehmen gelebt werden.

Manche Firmen haben ein tolles Produkt, aber die Art und Weise, wie sie mit Mitarbeitern oder Kunden umgehen, ist weit weg von ethischen Ansätzen. Manche Firmen haben einen großen Namen, aber wenn man genau hinsieht, steht der zwar für einen gewissen Erfolg, aber nicht für echte Werte. Und wenn es ans Verkaufen geht, denken viele gar nicht daran, ethische Werte zu verfolgen, sondern geben einfach nur Quoten vor, die erreicht werden müssen.

In einem solchen Umfeld ist es als Verkäufer schwieriger, sich mit hohen Werten „zu behaupten“. Es gibt dafür einfach sehr wenig Raum. Wenn von Unternehmerseite keine Einsicht da ist, Werte umzusetzen, dann kann es als Angestellter durchaus so aussehen, als führe man einen Kampf gegen Windmühlen. Dass es auch anders geht, beweisen Unternehmen mit einer hohen Wertekultur. Wobei ich davon ausgehe, dass sich die meisten Werte auf Führung, Soziales Engagement oder auch Klimaschutz beschränken und die wenigsten Unternehmen daran denken, in die Firmenphilosophie Aspekte der Ethik im Bereich Verkaufen einfließen zu lassen, außer ansatzweise, wenn es um den Umgang mit dem Kunden geht.

Welche Werte vertritt Ihr Unternehmen? Passt das zu dem, was Sie vertreten möchten?

Produkt

Susanne H. ist allein erziehende Mutter von Zwillingen. Sie arbeitet seit ihrer Scheidung nur noch halbtags in ihrer Firma und ist für die Geschäftsanbahnung mit ausländischen Kunden zuständig. Ihre Firma ist führender Hersteller von Handfeuerwaffen, Granaten und Minen. Frau H. war in ihrer Jugend aktives Mitglied der Friedensbewegung. Dass sie in einer Waffenfabrik arbeitet, entspricht nicht dem, was ihre Werte ausmachen. Doch in ihrer Situation und mit der kritischen Lage auf dem Arbeitsmarkt, sieht sie keine andere Möglichkeit für ihre Zwillinge zu sorgen. Die Existenz ihrer Kinder zu sichern ist ein so hoher Wert für sie, dass sie den Gedanken verdrängt, dass die Produkte, die sie mit vertreibt, Menschenleben kosten.

Bevor Sie jetzt ein Urteil über Susanne fällen, halten Sie bitte einen Augenblick inne. Fragen Sie sich selbst, was ist wichtiger, die eigene Existenz oder der Einklang mit dem eigenen Gewissen? Je nach Situation kann die Entscheidung in beide Richtungen ausfallen. Hier zeigt sich erneut die Komplexität von Ethik und wie sehr die individuelle Einschätzung maßgebend für das Leben der eigenen Werte ist.

Wie sieht es mit dem Produkt oder der Dienstleistung aus, für das Sie stehen? Ist es zum Wohle derer, an die es verkauft wird? Ist es mängelfrei? Wie konsequent sind Sie selbst? Würden Sie als Vegetarier eine Metzgerei beraten? Wenn Ihnen Klimaschutz wichtig ist, wie sehr würden Sie auf die CO2-Bilanz Ihrer Produkte achten?

Bei der Auseinandersetzung mit dem Produkt, das man als Verkäufer vertreibt, geht es darum, ob dieses dem eigenen ethischen Werte-Empfinden entspricht. Es gibt Produkte, die sind zwar mängelfrei aber haben keinen direkten Nutzen.

Hier stellt sich die Frage nach der Bedarfsweckung. Viele Produkte werden erst gekauft, nachdem ein (künstlicher) Bedarf über Werbung geweckt wurde. Wie vertretbar ist es, ständig neuen Bedarf zu kreieren? Das gehört zwar mehr zu den Aufgaben des Marketing, ist aber dennoch eine sehr interessante Frage im ethischen Kontext. Um Bedarf zu wecken, wird suggeriert, dass ein Produkt benötigt wird und dass man es aus bestimmten Gründen unbedingt haben muss. Das kann man auch als plumpe Manipulation ansehen, egal, wie gut es oft von den Werbeagenturen gemacht wird.

Wer jetzt noch einen Schritt weitergehen möchte, könnte aufgrund dessen das gesamte System in Frage stellen. Es ist durchaus überlegenswert, dies einmal zu tun und die Frage der Bedarfsweckung in die Überlegungen nach ethischem Verkauf mit einzubeziehen. Allerdings sollte man auch daran denken, dass es zahlreiche innovative Produkte gibt, von denen vorher noch keiner wusste, dass er sie braucht, die aber heute nicht mehr wegzudenken sind. Nehmen wir als Beispiel so einfache Dinge wie das Dampfbügeleisen, ergonomische Bürosessel oder das Handy.

Die Sache mit dem Nutzen

Man könnte meinen, dass es ganz einfach sei, ein Angebot in seiner Ethik zu beurteilen. Der Nutzen, den der Kunde von dem Angebot hätte, könnte ein sehr einfaches Kriterium sein, die Ethik festzustellen. Setzt man sich jedoch detailliert mit dem Thema Nutzen auseinander, merkt man schnell, dass man mehr Fragen aufwirft, als man Antworten erhält. Abgesehen davon, dass es verschiedene Arten von Nutzen gibt, wie z.B. ...

- Arbeitserleichterung
- Preisvorteil
- Zeitersparnis
- Genuss
- Steigerung des Wohlbefindens
- Erfolg
- Gruppenzugehörigkeit

- Schönheit
- Gesundheit
- Sicherheit
- Design
- Prestige
- Mode
- etc.

... stellen sich die Fragen: Was ist ein echter Nutzen? und: Wer bestimmt den Nutzen?

Nehmen wir als Beispiel das Rauchen. Sie und ich wissen, dass Rauchen gesundheitsschädlich ist. Nichtsdestotrotz gibt es zahlreiche Raucher, die auf den Tabakgenuss nicht verzichten möchten. Wie würden Sie sich als Zigarettenverkäufer fühlen? Reicht es Ihnen, wenn der Kunde den Nutzen – in diesem Fall Genuss – bestimmt? Oder weisen Sie ihn vielleicht beim Kauf der nächsten Schachtel daraufhin, was er seiner Gesundheit antut, mit dem Effekt, dass Sie vielleicht weniger verkaufen? Ist der Nutzen Genuss höherwertig, als der Nutzen Gesundheit, gleichwertig oder minderwertig?

Ähnliches gilt im Bereich Ernährung. Würden Sie etwas verkaufen wollen, was ungesund ist? Doch was gesund ist, darüber scheiden sich schon die Geister. Die einen schwören auf Fleisch, die anderen auf Rohkost, Trennkost ist ebenso ‚in' wie Mischkost. Viel oder wenig Kohlenhydrate? Einfach nur Vollkorn? Oder ist es ganz egal, Hauptsache man ernährt sich biologisch? Gar nicht so einfach. Hinzu kommt die Werbung. Durch gezielte Marketingstrategien haben es einige Firmen, wie bereits angemerkt, sogar geschafft, viele Menschen davon zu überzeugen, dass Fastfood nahrhaft sei.

Bestimmt die Nachfrage das Angebot? Oder haben die Anbieter die Verantwortung für den Nutzen, und wenn ja – für welchen? Was denken Sie als Verkäufer darüber? Wie gut fühlen Sie sich, wenn Sie einen Scheinnutzen verkaufen? Oder können wir davon ausgehen, dass wir immer mündige Käufer haben, die schon wissen, was sie tun? Wenn der Kunde etwas kaufen will, das einen Schaden für ihn beinhalten könnte, reicht es, die Verantwortung bei ihm zu lassen? Welche Rolle spielt die Werbung dabei? Wer ist Opfer und wer ist Täter? Wie viel Aufklärung ist sinnvoll?

Und denken Sie hierbei ruhig weiter auch an komplexere Produkte, wie Versicherungen, Aktien, Therapiesitzungen, Software oder Bauleistungen. Es gibt viele Bereiche, in denen der Nutzen nicht offensichtlich oder aber auch variabel ist – je nachdem, was der Kunde benötigt.

Natürlich hängt es auch immer von Ihnen als Verkäufer ab. Wenn Sie selbst Raucher sind, haben Sie es leichter die oben gestellte Frage zu beantworten, bzw. wundern sich sowieso, warum man sich diese stellt. Wenn Sie selbst Fastfood lieben und überzeugt sind, das sei etwas Tolles, dann kommen Sie vielleicht gar nicht auf die Idee sich zu fragen, ob Sie überhaupt einen Nutzen bieten.

Wie viel Gedanken soll sich ein Verkäufer hierzu machen? Wie steht es mit der (ethischen) Pflicht des Verkäufers sich umfassend zu informieren? Stimmt der Nutzen, den Sie bieten, mit dem überein, was Sie ethisch vertreten können? Wie vertretbar ist es beispielsweise, wenn ein Bankangestellter nur hausinterne Wertpapiere im Portfolio hat und dem Kunden suggeriert, es gäbe kaum etwas Besseres? Wie ist es, wenn man als Vertriebsmitarbeiter einer Firma den Nutzen, den man präsentiert bekommt, einfach unkritisch weitergibt, ohne sich darüber Gedanken zu machen, ob das alles so stimmt, wie man es einem „verkauft" hat? Reicht es gutgläubig anzunehmen, dass die Qualität stimmt? Oder ist der Verkäufer besser angeraten, sich genau zu informieren, um auch die Mängel zu kennen und nicht auf interne Propaganda hereinzufallen? Wenn Sie nur einen Scheinnutzen bieten oder einen Nutzen, zu dem Sie nicht voll und ganz stehen können, fragen Sie sich ruhig auch einmal, warum Sie das Produkt oder die Dienstleistung trotzdem verkaufen. Welchen Grund gibt es dafür und wiegt dieser Grund schwerer als die Wertigkeit Ihres eigenen Ethikempfindens?

Ich weiß nicht, wie es Ihnen geht, aber ich habe auf diese vielen Fragen keine Antwort. Ich bin überzeugt, dass es hier auch keine allgemeingültige Antwort geben kann. Da werden schon einfache Beispiele schnell komplex. Aber das bedeutet nicht, dass man sich nicht einmal Gedanken machen sollte, über Nutzen, über scheinbaren Nutzen und über die eigene Einstellung hierzu.

Welchen Nutzen bieten Sie?

Finanzen

Geld regiert die Welt, und ohne Profit geht im Verkauf gar nichts – oder? Der Vertrieb ist der Bereich in Unternehmen, der sehr häufig leistungsabhängig vergütet wird. Daher verwundert es nicht, wenn Verkäufer darauf bedacht sind, gute Abschlussquoten zu erreichen. Schließlich wollen sie am Monatsende genügend Geld zum Leben und Genießen haben. Der unternehmerische Erfolg hängt zudem vom Verkaufserfolg ab! Egal, wie fleißig die Buchhalter und Sekretärinnen sind, wenn nichts verkauft wird, kann eine Firma nicht überleben. Das gilt für alle, egal ob sie nach ethischen Grundsätzen agieren, oder nicht.

Daher steht und fällt sehr viel bei den Finanzen. Wenn es um Profit geht, werden ganz schnell Werte geopfert – Hauptsache die Kasse stimmt. Schließlich geht es um das eigene Überleben, das des Unternehmens und natürlich auch das der Beschäftigten, zumindest indirekt. Wenn es etwas gibt, das einen ganz schnell dazu verleiten kann, Werte über Bord zu werfen, dann ist es die Angst um die eigene Existenz. Das ist nicht nur im Verkauf so, das trifft sicherlich auf viele Bereiche zu. Nichts macht ethisches Handeln schwieriger als die Bedrohung der eigenen Existenz. Ein Umsatzeinbruch genügt schon, um das Gefühl der Bedrohtheit auszulösen. Ganz zu schweigen von der Anfangsphase der Unternehmensgründung, wo zuerst einmal viel investiert wird und nur wenig zurückkommt. Das kann ein starkes Gefühl der Existenzbedrohung auslösen. Und es kann dazu verleiten, dass man auf „Teufel komm raus" unbedingt und um jeden Preis jetzt sofort möglichst viele Kunden gewinnen möchte, damit man morgen noch etwas zu essen hat und seine Miete zahlen kann. Wer will dann noch etwas hören von Nutzen bieten, Respekt vor dem Kunden, Zeit für den Abschluss geben, oder ähnlichem? Existenzangst kann ganz schnell dazu verleiten, anders zu handeln, als es dem eigenen Werteempfinden entspricht.

Ein weiterer Punkt im Bereich Finanzen ist die Preispolitik. Auch hier findet man Praktiken, die aus ethischen Gesichtspunkten fragwürdig sind.

In der freien Marktwirtschaft wird der Preis sehr stark von Angebot und Nachfrage bestimmt. Herrscht ein Überangebot, kommt es schnell zu einem Preisverfall. Das hat natürlich Vorteile für die Kunden, da sie weniger bezahlen müssen. Es kann aber ganz schnell zu lasten der Zulieferer oder Produzenten gehen und deren Existenz bedrohen. Die Milchpreise auf dem deutschen Markt sind nur ein Beispiel dafür. Inwieweit ist es ethisch vertretbar, den Konsumenten günstige Milchpreise zu bieten, aber die Existenz zahlreicher Bauern zu bedrohen? Und der Milchmarkt ist nicht der einzige, der von dieser Problematik betroffen ist. Vor allem in Segmenten mit hohem Konkurrenzdruck findet man sich schnell in einem Preiskampf wieder.

Auf der anderen Seite erhöht die Nachfrage den Preis, wenn das Angebot nicht ausreicht, um diese zu befriedigen. Ein sehr anschauliches Beispiel hierfür ist der Wohnungsmarkt. In Städten mit hohem Zuzug steigen schnell die Mieten. So kommt es vor, dass für schlecht ausgestattete Wohnungen in ungünstiger Lage, völlig überzogene Preise verlangt werden. Die Makler nutzen die Situation aus und können sich dieses Vorgehen leisten, weil sie durch die hohe Nachfrage keine Angst haben müssen, auf ihren Objekten sitzen zu bleiben. Doch wie vereinbar ist das mit den oben genannten ethischen Grundsätzen?

Bevor man hier jedoch ein schnelles Urteil abgibt, sollte man sich die Frage stellen: Wenn man selbst so einfach einen besseren Preis für sein Angebot erzielen könnte, würde man das nicht auch ausnutzen? Die Verlockung über das, was angemessen ist, hinauszugehen, kann einen schnell verleiten, die Situation zu Gunsten des eigenen Profits auszunutzen. Wem Werte wichtig sind, der sollte besonders beim Geld aufpassen, denn hier gibt es viele „Fallen".

Verkaufen? – ja bitte!

Es wäre zu vereinfacht, zu behaupten, dass alle Verkäufer sich jetzt mit ethischem Handeln auseinandersetzen müssen, da sie nur ihre Kunden abzocken möchten. Das ist überhaupt nicht notwendig, da viele Unternehmer von Haus aus einen guten Sinn für ein Mittelmaß aus Wirtschaftlichkeit und Ethik haben. Es geht auch in keinster Weise darum, Verkaufen an sich als etwas Schlechtes anzuprangern. Wie mit so vielen Dingen, ist die Frage nicht, ob Verkaufen etwas Gutes oder Schlechtes ist, sondern wie verkauft wird. Unsere Wirtschaft wäre ganz schnell am Boden, wenn der Verkauf eingestellt werden würde und alle nur passiv auf Kunden warten würden.

Effizienz, Produktivität und hohe Leistungsbereitschaft sind nicht von Haus aus schlecht – im Gegenteil, sie sind wesentliche Bestandteile des unternehmerischen Handelns. Um erfolgreich zu wirtschaften, ist es notwendig darauf zu achten, dass Aufwand und Ertrag in einem guten Verhältnis zueinander stehen. Es ist legitim, Gewinne erzielen zu wollen und produktiv zu sein. Mit einem reinen „Wir haben uns alle lieb –Ansatz" allein wird dies jedoch nicht gelingen.

Machen Sie sich daher eines klar: Auch wenn es zahllose penetrante Telefonverkäufer gibt, die uns tagtäglich nerven. Auch wenn Sie ständig den unfreundlichen Autoverkäufer vor sich sehen, der Sie nicht bedient hat, weil Sie im Freizeitlook Ihren Traumwagen besichtigt haben. Auch wenn Heerscharen von Versicherungsvertretern danach streben, eine Police nach der anderen an den Mann bringen zu wollen. Auch wenn es in vielen Vertriebsabteilungen nur um Quoten und noch höhere Leistung geht: Verkaufen an sich ist etwas völlig Wertneutrales. Der Verkaufsprozess ist nichts anderes, als die Anbahnung eines Austausches, im Normalfall Ware bzw. Dienstleistung gegen Geld.

Die Kunst des Verkaufens besteht darin, echte Wertschätzung zu üben, gute Qualität und einen echten Nutzen zu einem angemessenen (fairen) Preis zu bieten und bei Zielgerichtetheit und selbstbewusstem Vorgehen dem Kunden seine Freiheit zu lassen. Ethisches Handeln schließt zudem nicht aus, dass man eine vernünftige Vertriebsstrategie hat, einen guten Kundennutzen bietet und zielgerichtet vorgeht. Dadurch, dass man eher auf langfristige Beziehungen setzt, wird die potenzielle Empfehlungsquote schneller ansteigen, als bei jemandem, der versucht, möglichst schnell einen Abschluss zu erzielen. Und wer eine vernünftige Strategie hat, basierend auf ethischen Werten, hat gute Chancen auf beides – Zufriedenheit und materiellen Erfolg.

Ethik als Verkaufshindernis – die andere Seite

Bisher war viel von unethischen Handlungsweisen und der Problematik, dass Verkäufer oft zu ihrem eigenen Vorteil agieren, die Rede. Es gibt aber auch die andere Seite. Jene Menschen, die sich mit den Ängsten herumplagen, die ich in Kapitel 1 beschrieben habe. Interessanterweise schrecken gerade Unternehmer mit hohen Wertevorstellungen vor dem aktiven Verkaufen zurück - teils bewusst, teils unbewusst. Auffällig ist auch, dass gerade jene Unternehmer und Verkäufer, die sich mit Ethik und der respektvollen Auseinandersetzung mit ihren Kunden Gedanken machen, diejenigen sind, die am zurückhaltendsten sind. Zurückhaltung im Verkauf und das Übersehen von klaren Kaufsignalen, führt aber unweigerlich zu Misserfolg.

Beispielhaft möchte ich hier vor allem Therapeuten im Bereich alternativer Heilmethoden nennen – oftmals Menschen, die ihre Berufung darin gefunden haben, andere in Heilprozessen zu begleiten. Gerade diese Unternehmer tun sich oft schwer Kunden zu finden, weil sie ein negatives Bild vom Verkaufen haben, bzw. weil sie es für unmoralisch halten, ihre Leistung anzubieten. Sie finden es daher schwierig, aktiv auf ihre Kunden zuzugehen. Sie verlieren sich lieber im Erstellen von neuen Konzepten und glauben, dass der Kunde sie irgendwann schon finden wird.

Hier steht die Ethik dem Erfolg im Weg. Typische Anzeichen dafür sind im Verkaufsprozess, dass man sich eher zurückhält, am liebsten nur auf Empfehlung arbeiten würde oder lieber Flyer auslegt, als einmal einen potenziellen Kunden direkt zu kontaktieren. Auf dem heutigen Angebotsmarkt (sprich dort, wo das Angebot die Nachfrage in vielen Bereichen übersteigt) ist das fatal und bringt gerade Kleinunternehmer schnell finanziell in Bedrängnis.

Hinzu kommt, dass viele dieser Unternehmer ihre Preise zu gering kalkulieren. Aufgrund des hohen Wertebewusstseins unterliegen sie dem Irrtum, dass sie ihre Leistung möglichst billig anbieten müssen, um nicht in den Ruf zu kommen, ihre Kunden auszubeuten.

Ethisches Handeln und Geld verdienen schließen sich nicht aus. Da jedoch in so manchen Köpfen herumschwirrt, dass reiche Leute korrupt sind, können sich viele gar nicht vorstellen, dass beides in Einklang gebracht werden kann. Insbesondere Menschen mit einem hohen ethischen Anspruch, die viel Wert auf ihre spirituelle Entwicklung legen, haben häufig ein zwiegespaltenes Verhältnis zu Geld. Wenn materieller Reichtum im eigenen Denken als etwas angesehen wird, das man nur erlangen kann, wenn man korrupt handelt, man aber selbst ein hohes ethisches Empfinden hat, folgt daraus, dass man besser keinen materiellen Reichtum erlangen sollte, da man sonst korrupt bin. Damit versperren sich viele Menschen den Weg, mit guten Ideen und guten Ansätzen erfolgreich zu werden. Sie vergessen dabei, dass Geld nur ein „Werkzeug" ist, das immer so gut ist, wie das, was man damit tut, und verpassen die Chance, dieses Werkzeug im Sinne ihrer Werte zu einem guten Zweck einzusetzen. Sie überlassen es lieber denjenigen, die weniger Skrupel haben, und ruhen sich auf ihrem vermeintlich guten Gewissen aus, frei nach dem Motto: „Lieber arm und gut, als reich und korrupt". Dabei gibt es ganz viele Grautöne zwischen diesem Schwarz-Weiß-Denken, und wie oben erwähnt, ist das Verkaufen an sich etwas völlig Neutrales.

So wichtig es ist, sich über die Art und Weise Gedanken zu machen, wie man sein Geld verdient, so wichtig ist es auch, gute Angebote auf dem Markt professionell zu platzieren. Denn nur so kann die Ethik im Verkaufen immer mehr Raum einnehmen.

Fragen über Fragen

Die Beschäftigung mit diesem Thema wirft zahlreiche Fragen auf, die unbeantwortet bleiben. In der Theorie sind Werte immer etwas ganz Einfaches, doch Verkaufen hat mit Praxis zu tun, und nur gelebte Werte zeigen letztlich, wo man selbst steht. Je nach Situation muss jeder für sich selbst entscheiden, welche Werte für ihn die wichtigen sind. Hier geht es weder um richtiges, noch um falsches Handeln. Es geht darum, bewusst zu handeln und die Verantwortung dafür zu übernehmen. Das mag unbefriedigend sein. Es erscheint leichter, wenn man eine genaue Handlungsanleitung haben könnte. Doch dafür ist die Thematik viel zu komplex und viel zu sehr von individuellen Einstellungen abhängig. Auf der anderen Seite ist die Befassung mit dem Thema Ethik auch ein Appell zu mehr Eigenverantwortung und der Aufruf, sich bewusst mit dem eigenen Handeln auseinander zu setzen. Niemand kann einem die Entscheidung abnehmen, wie oder was er verkaufen möchte. Schließlich ist es auch eine Ethik, selbstbestimmtes Handeln zu respektieren und Unternehmen nicht zu verurteilen, nur weil sie den gängigen Wirtschaftsregeln folgen und sich nicht mit den Auswirkungen ihres Handelns und den dahinter liegenden Werten beschäftigen. Dennoch möchte ich jeden – ja auch Sie, der diese Zeilen gerade liest – dazu ermutigen, sich nicht nur Gedanken über diese Fragen zu machen, sondern Werte direkt in die Praxis umzusetzen.

Letztlich bleibt ethisches Handeln ein Versuch, in der jeweiligen Situation bestmöglich zu handeln. Tun wir es ! – Immer wieder aufs Neue.

Resonanz

Wir sind, was wir denken.
Alles was wir sind, entsteht mit unseren Gedanken.
Mit unseren Gedanken erschaffen wir die Welt.

Siddharta Gautama, Buddha

Ob du denkst, du kannst es, oder du kannst es nicht:
Du wirst auf jeden Fall recht behalten.

Henry Ford, Unternehmer, 1863 – 1947

Resonanz und Ethik

Im wirtschaftlichen Kontext sind Theorien von Schwingungen und Resonanz wenig gefragt. Hier zählen Daten und Fakten. Hier regiert die Leistungsgesellschaft mit ihrem Ansatz, dass viel Arbeit viel Erfolg bringt und dass man nur genug leisten müsse, um sich im Leben das aufzubauen, was man sich wünscht. Profitdenken hat Vorrang vor Menschlichkeit, und Soft Skills bekommen zwar immer mehr Bedeutung, werden aber hauptsächlich dazu genutzt, um die Leistungsfähigkeit zu steigern und zu erhalten.

Mit der Einbeziehung des Resonanzprinzips fällt die Frage des ethischen Wirtschaftens auf eine ganz andere Ebene. Nämlich auf die Ebene: Was ich aussende – das kehrt zu mir zurück. Im Bezug auf die Wirtschaft heißt das,

- sende ich Profitgier aus, kommt Gier zu mir zurück.
- sende ich Preiskampf aus, werde ich Preiskampf erleben.
- Glaube ich daran, dass Wirtschaft immer ein Kampf ist, bei dem ich meinen Konkurrenten unterbieten muss, wird es genau so sein.

Deshalb sollte man gut darauf achten, wie man agiert und was man tut und deswegen ist Nachhaltigkeit und ethisches Wirtschaften ist umso wichtiger, wenn wir in einer Welt leben wollen, die auch in 100 Jahren noch besteht und ein vernünftiges Wertegefüge hat. Unter diesem Gesichtspunkt ist es sehr sinnvoll, sich gut zu überlegen:

- wofür arbeite ich? (Erfolg, Geld, Zufriedenheit, ...)
- für wen arbeite ich?
- wie arbeite ich? Mit welcher Motivation, mit welchen Handlungsmotiven, was treibt mich an, meine Arbeit zu tun?

Das Wissen, um das Gesetz der Resonanz, spornt zu ethischem Handeln an. Menschen haben ein Grundbedürfnis danach zufrieden zu sein und streben auf unterschiedliche Art und Weise danach. Es ist nur dann irrelevant, wenn einem vollkommen egal ist, wie sich der eigene persönliche oder berufliche Erfolg entwickelt. Wer jedoch weiß, dass jedes Handeln der Same für eine Reaktion ist, die zurückkehrt, wird sich gut überlegen, was er aussendet – sofern er weise ist. Wer ethisches Handeln zur Grundlage seines verkäuferischen Tuns macht, legt eine gute Basis dafür, dass Ergebnisse zurückkehren, die zufriedenstellend sind.

> *„Wenn Du Dich von der Konkurrenzebene zur schöpferischen Ebene erhebst, kannst Du Deine geschäftlichen Transaktionen kritisch untersuchen. Wenn Du irgendjemandem irgendetwas verkaufst und es trägt nicht dazu bei, sein Leben im Austausch für das, was er Dir gibt, reicher zu machen, dann kannst Du es Dir leisten, damit aufzuhören. Du brauchst im Geschäft niemanden zu schädigen. Und wenn Du eine Arbeit tust oder Dinge verkaufst, die irgendjemandem schaden, dann beende dies sofort.“*[8]

Achten Sie auf die Konzepte in Ihrem Kopf!

Warum viele Menschen dennoch nicht ethisch handeln, könnte an folgenden Punkten liegen:

- das Wissen um Resonanz (Prinzip Ursache / Wirkung) ist zu wenig bekannt oder wird als Unfug abgeurteilt

---

[8] Wallace D. Wattles: Die Wissenschaft des Reichwerdens (online-Ausgabe), Seite 32, http://www.gesetzdesreichwerdens.de/wattles.shtml

- die Erfüllung eigener Bedürfnisse und Wünsche wird über ethische und moralische Werte gestellt
- das eigene negative Wertesystem wird gar nicht erkannt
- alte Verhaltensweisen beizubehalten ist bequemer als sie zu hinterfragen bzw. zu ändern
- Ängste verhindern ein werteorientiertes Handeln, unabhängig davon, ob sie auf einer realen oder einer „eingebildeten" Bedrohung basieren

Was Resonanz genau ist, wie dieses Prinzip den Verkaufsprozess beeinflusst und worauf man achten sollte, wenn man sich das Wissen darum zunutze machen möchte, wird nachfolgend erläutert.

Das Prinzip von Ursache und Wirkung (Resonanzprinzip)

„Gleich und gleich gesellt sich gern",
„Gleiches zieht Gleiches an" oder
„Was Du sähst, wirst Du ernten."

Damit ist bereits alles Wesentliche über die Wirkungsweise des Resonanzprinzips gesagt. Dass man sich diese Gesetzmäßigkeiten nutzbar machen kann, um die eigenen Ziele zu erreichen, darüber gibt es mittlerweile zahlreiche Bücher. Manche beschränken sich darauf zu beschreiben, wie einfach es ist, sich alle Wünsche zu erfüllen, wenn man nur fest genug daran glaubt, andere weisen auf die Komplexität der Sache hin und zeigen auf, warum es manchmal nicht so einfach geht, und dass man sich gut überlegen sollte, was man wirklich will. Ich gehe hier nur in Ansätzen auf die Wirkungsweise des Resonanzprinzips ein.

Das Prinzip von Ursache und Wirkung hat vor allem mit der Auswirkung des eigenen Handelns und den daraus hervorgehenden Konsequenzen zu tun. Man geht davon aus, dass die Handlung, der Gedanke oder das Gefühl, das man aussendet, zu einem zurückkehrt. Man spricht meist von einer Schwingung, die ausgesendet wird und deren Ergebnis sich zeitlich versetzt im Leben zeigt. Da die Schwingung nicht immer eins zu eins zurückkehrt, ist die Gesetzmäßigkeit nicht leicht zu erkennen. Nehmen wir an, ich habe einen schlechten Tag und schimpfe mit ein paar Jugendlichen, die in der S-Bahn zu laut sind. Damit sende ich Aggression aus. Diese kann nun in verschiedener Form zu mir zurückkehren, vielleicht in der Form eines ungeduldigen Kunden, der mich anschnauzt, oder auch in Form eines kleinen Missgeschicks, das mir zustößt.

Das Prinzip von Ursache und Wirkung gilt für jeden, unabhängig davon, ob man daran glaubt oder nicht. Es gibt mittlerweile genügend Untersuchungen, die belegen, dass Gedanken und Gefühle, das Ergebnis von Handlungen und Ereignissen beeinflussen. In der Psychologie spricht man auch von „Self-fulfilling-prophecy", der „sich selbst erfüllenden Prophezeiung". Die Quantenphysik liefert mittlerweile ebenfalls sehr eindrückliche Beweise für die Existenz dieses Prinzips.

Die meisten Menschen machen sich (zu) wenig Gedanken darüber, was sie tun und warum sie etwas tun. All unsere Handlungen und die dahinter liegenden Motivationen und Gedanken haben Auswirkungen. Manchmal nicht direkt und nicht sofort, aber doch unausweichlich. Wer erkannt hat, wie das Gesetz von Ursache und Wirkung funktioniert, der weiß, dass alles in irgendeiner Weise zu ihm zurückkehrt.

Wir können wählen, was wir möchten. Je bewusster wir es tun, umso aktiver können wir unser Leben und unsere Arbeit gestalten. Wer schlau ist, überlegt sich gut, was er empfangen möchte und richtet dementsprechend sein Handeln und Denken darauf aus. Doch sollte man sich im Klaren sein, dass das Ganze eine vielschichtige Angelegenheit ist.

Nehmen wir ein einfaches Beispiel: Helmut W. arbeitet fieberhaft an einem Angebot. Es winkt ein lukrativer Auftrag in einer Größenordnung, die er bisher nicht hatte. Herr W. sieht schon, wie der Kunde den Vertrag unterschreibt und er ein halbes Jahr ausgelastet ist. „Das muss einfach klappen", denkt er sich und schickt schließlich alles ab. Als er kurze Zeit später seinen Kontostand prüft, wird er nervös. „Das muss wirklich klappen, sonst bin ich in vier Wochen pleite", ist sein erster Gedanke und in seiner Magengegend verkrampft sich alles. Das sind jetzt nur zwei Gemütszustände, in denen sich Herr W. momentan befindet. Letztlich gibt es da aber noch viel mehr. Alle zusammen wirken mehr oder weniger darauf, ob Helmut W. den Auftrag erhalten wird.

Daraus lässt sich leicht schließen: je komplexer die Zusammenhänge, umso schwieriger ist es, das Ergebnis vorherzusagen. Da der Mensch ein vielschichtiges Wesen ist und mindestens aus Denken, Fühlen und Handeln besteht, sollte man sich nicht wundern, wenn nicht immer gleich das herauskommt, was man erwartet hat. Es bedeutet nicht, dass das Prinzip von Ursache und Wirkung nicht gilt. Es bedeutet lediglich, dass es wichtig ist, sich der Komplexität des Ganzen bewusst zu werden. Und es bedeutet, dass man für die Erreichung von Zielen oft mehrere Komponenten beachten sollte. Es reicht nicht, nur etwas erreichen zu w o l l e n. Wenn dem so wäre, würden viel mehr Menschen das Leben führen, von dem sie träumen.

Wünsch Dir was

... und es wird geschehen. Auf diese sehr vereinfachte Botschaft, wird das Prinzip der Resonanz häufig reduziert. Sie impliziert, dass man sich einfach nur ein Ziel setzen muss, sich darauf ausrichtet und es ganz fest wollen muss und schon wird es geschehen. Warum aber klappt es bei so vielen Menschen nicht? Warum sind immer noch so wenig Menschen wirklich erfolgreich, obwohl der Büchermarkt in diesem Bereich mehr als genug Anleitungen liefert? Die Antwort ist einfach: Weil wir Menschen vielschichtige Wesen sind und es einfach nicht ausreicht einen Wunsch zu formulieren, um ein Ziel zu erreichen.

Die Gründe für ein Scheitern können vielfältig sein. Die meisten Ursachen sind:

- mangelnder Glaube, dass sich der Wunsch erfüllen wird.
- Nichtbeachtung dessen, was unbewusst an hindernden Glaubenssätzen wirkt.
- eigene Grenzen im Kopf, die vor allem größere Dinge nicht wahr werden lassen.
- mangelnde Flexibilität.
- mangelnde Fähigkeit, Dinge anzunehmen.
- fehlender Einsatz.
- falscher Fokus.

Wir senden nicht nur über unsere Gedanken Schwingungen aus, die zu uns zurückkehren. Vor allem unsere Gefühle, unsere Ängste und Triebe haben ein sehr großes Gewicht. Wenn hier ein wildes Durcheinander herrscht, brauchen wir uns nicht zu wundern, wenn wir ein gestecktes Ziel nicht erreichen. Ein negatives Gefühl kann einen positiven Gedanken sehr leicht aufheben. Daher ist es wichtig, diese genannten Ebenen mit einzubeziehen. Sie müssen im Prozess der bewussten Resonanz mit berücksichtigt werden. Wir werden im nachfolgenden anhand des Verkaufsprozesses sehen, dass das gar nicht so einfach ist und dass es sich um eine komplexe Sache handelt.

Und doch, es funktioniert. Wer sich bewusst mit dem Thema Resonanz beschäftigt und sich neben den positiv gesetzten Zielen richtig ausrichtet und seine Schwingung auf Erfolg „programmiert“, wird unweigerlich erfolgreich damit sein. Jedoch sollte man sich stets klar sein, dass man

Resonanz nicht einfach als Methode lernen kann. Vielmehr ist es ein persönlicher Prozess, bei dem es auch darum geht, sich den eigenen Glaubensmustern und Gewohnheiten zu stellen.

Die wesentlichen Kriterien, die es braucht, um hierbei erfolgreich zu sein, sind:

- Glaube daran, dass es bzw. alles möglich ist.
- Vertrauen, dass das Richtige zum passenden Zeitpunkt geschehen wird.
- Flexibilität und Offenheit für neue Wege.
- Eigene Erlaubnis, dass einem das Gewünschte auch zusteht.
- Durchhaltevermögen: Wollen Sie es wirklich?
- Achten des Unterbewussten (Gefühle sind stärker als Gedanken!).
- Dankbarkeit für das, was ist und was kommen wird.

An diesen Punkten ist zu ersehen, dass es einiges zu tun gibt. Je nachdem wo man gerade steht, sollte man sich im Klaren sein, dass es manchmal auch eine Zeitlang dauern kann, bis man diese Kriterien entwickelt. Gepaart mit einer gewissen Lockerheit und einer Portion Geduld ist aber alles möglich.

Alles Esoterik oder was?

Für viele Menschen sind diese Dinge nur esoterisches Geschwätz im negativsten Sinn. Es erscheint ihnen zu abgehoben, einfach nur mit positiven Gedanken alles zum Besten ändern zu können. Sie können damit wenig anfangen. Menschen, die sich einen Parkplatz nach dem anderen „bestellen“, sind ihnen ebenso suspekt wie „Halberleuchtete“, die immerfort lächelnd von guter oder schlechter Energie sprechen.

Ich möchte an dieser Stelle nicht über den Sinn oder Unsinn esoterischer Lehren und Ansätze diskutieren. Dafür ist dieses Feld viel zu groß und tatsächlich zu voll von Dubiositäten. Allerdings sollte man sich vor Verallgemeinerungen hüten und nicht alles in einen Topf werfen. Nur weil manche Dinge das eigene Vorstellungsvermögen übersteigen oder auf naturwissenschaftlichen Wegen noch nicht nachvollzogen werden können, heißt das noch lange nicht, dass sie keine Berechtigung haben oder dass sie nicht existieren. Das Prinzip der Resonanz hat mit Esoterik in dem Sinne zu tun, dass es mit dem Inneren der Menschen zu tun hat. Aber rein von der Funktionsweise selbst, hat es mehr mit physikalischen Gesetzen gemeinsam als mit nicht greifbaren Theorien. Allerdings ist es schwierig, jemanden, der an der Wirkungsweise des Prinzips von Ursache und Wirkung zweifelt, zu überzeugen. Warum? Normalerweise müsste man ja nur sagen, sie sollen es ausprobieren. Doch je größer der Zweifel, umso schwieriger wird es, ein gestecktes Ziel zu erreichen. Wer mit dem Glaubenssatz: „Das funktioniert sowieso nicht" an die Sache heran geht, wird gemäß der sich selbst erfüllenden Prophezeiung genau das erleben. Es wird nicht klappen und die Fälle, wo Menschen es geschafft haben, sich das in ihr Leben zu ziehen, was sie gerne hätten, werden als reine Zufälle oder Glückstreffer dargestellt.

Was manchen auch schwer fällt, ist zu akzeptieren, dass der Zustand, in dem sie sich gerade befinden, ein Produkt ihrer eigenen Gefühle und Gedanken der Vergangenheit sein soll. Das ist besonders dann schwer zu akzeptieren, wenn man sich in einer misslichen Lage befindet, eine Notsituation erleidet oder permanent Dinge geschehen, die das Leben erschweren. Zu schnell fühlt man sich schuldig für das, was mit einem geschieht. Schuld ist jedoch etwas, mit dem die wenigsten Menschen umgehen können. Daher ist es einfacher die Verantwortung an ein übergeordnetes Schicksal zu geben, anstatt sich damit zu beschäftigen, wie man aus der Misere wieder heraus kommt, bzw. was man tun kann, um im Leben wirklich erfolgreich zu sein.

Jedem geschieht nach seinem Glauben. So ähnlich steht es in der Bibel, und genau so ist es, womit wir wieder bei der Esoterik wären. Wie vieles im Leben ist auch die Frage, wie Sie mit dem Resonanzprinzip umgehen, Ihre eigene Entscheidung. Sie haben die Wahl, ob Sie bewusst(er) die Gesetze von Ursache und Wirkung nutzen wollen, oder ob Sie sie einfach wirken lassen. Was das Verkaufen betrifft, beinhaltet das Resonanzprinzip ein paar spannende Aspekte. Diese werden nachfolgend beleuchtet.

Die Stufen der Resonanz im Verkaufsprozess

- Wir machen einfach mal (weder gezielte Methode noch Wissen um Resonanz)
- gezielte Verkaufsstrategie klassischer Art
- Zielsetzung nach dem Resonanzprinzip
- Die eigene Einstellung
- Loslassen und Vertrauen – die hohe Schule der Resonanz

Hannelore B. hat sich ihren Traum verwirklicht. Sie wollte schon immer einen kleinen Geschenkeladen. Jetzt hat sie es geschafft. Nach viel Renovierungsarbeit, einigen schlaflosen Nächten und der Angst, ob die Handwerker auch ja zur Eröffnung fertig werden, steht sie zufrieden inmitten blitzblanker Regale mit ordentlich angereihter Ware. Nun dürfen die Kunden kommen, denkt sie sich, und tatsächlich kommt immer wieder der eine oder andere herein und schaut sich um, was es hier alles gibt. Der Beginn einer langen Reise. Begleiten wir Frau B. dabei durch die verschiedenen Stufen.

Wir machen einfach mal

Es sind einige Monate vergangen. Frau B. sitzt in ihrem Laden und ist mit dem Sichten von Katalogen beschäftigt. Sie ist unkonzentriert, denn der Gedanke an die Umsatzentwicklung der letzten Wochen lässt sie nicht so leicht los. Irgendwie hatte sie sich das einfacher vorgestellt. In den ersten Wochen war alles leicht gewesen, da war sie voll Schwung und Begeisterung bei der Sache. Nachdem sie irgendwo gehört hatte, wie wichtig Werbung ist, hatte sie einige Anzeigen geschaltet, besonders bei den regionalen Zeitungen, deren Mitarbeiter so nett waren, persönlich bei ihr vorbeizukommen. Außerdem hatte sie zur Eröffnung eingeladen, mit 1000 Flugblättern, die in die Briefkästen des Stadtteils verteilt worden waren. Das erschien ihr schon sehr viel, zumal die Anzeigen auch nicht billig waren. Vielleicht sollte sie es mal mit U-Bahn-Werbung versuchen. Was das wohl kostet?

Wie Sie sicher merken, ist Hannelore B. zwar begeistert, aber agiert ohne klare Strategie. Ihre Aktionen sind eher ad hoc durchgeführt und etwas planlos. Auch wenn es danach aussieht, dass sie eine Menge macht, könnte man eher von Aktionismus sprechen als von einer Strategie. Dass hier und da ein neuer Kunde hängen bleibt, ist mehr einem glücklichen Zufall zu verdanken oder einfach der halbwegs guten Lage, in der sich Hannelore B.'s Laden befindet.

Frei nach dem Motto: „Wir machen einfach mal" verkaufen sehr viele Menschen. Vor allem gehören dazu Klein- und Kleinstunternehmer, die eher ihr Fachgebiet beherrschen, als das Verkaufen und es sich nicht leisten können, eine Vertriebsabteilung zu unterhalten. Diese Unternehmer sind gezwungen, den Vertrieb selbst zu übernehmen und tun dies oft aus dem Bauch heraus oder ergreifen Maßnahmen, die ihnen gerade sinnvoll erscheinen. Es gibt weder eine durchdachte Strategie noch eine vernünftige Maßnahmenplanung. Das soll nicht heißen, dass es in größeren Firmen automatisch besser aussieht. Es ist manchmal erstaunlich, wie planlos manche Unternehmen gerade im Vertrieb sind.

Wer dennoch erfolgreich ist – was durchaus sein kann – der macht die mangelnde Strategie durch Begeisterung, den Glauben an sich und die eigene Idee wett, oder er punktet mit Fachkompetenz. Das ist umso einfacher, je spezieller ein Angebot ist. Schwierig ist dies in Segmenten, in denen es mehrere Anbieter gibt, deren Leistungen sich kaum voneinander unterscheiden lassen. Und schwierig wird es auch dann, wenn die eigene Begeisterung mit der Zeit etwas verschwindet. Dann ist es nicht mehr so einfach, Resonanz zu erzeugen. Erfolg wird hier eher unbewusst geschaffen, Verkaufserfolge folgen eher dem Zufallsprinzip und stellen sich mal mehr mal weniger ein.

Gezielte Strategie klassischer Art

So kann das nicht weitergehen – denkt sich Hannelore B. und schlägt den Seminarkatalog eines renommierten Anbieters auf. Das Seminar Kundengewinnung für Ladenbesitzer springt ihr ins Auge und sie meldet sich umgehend an. Sie ist erstaunt zu hören, dass es tatsächlich Wege gibt, mehr Kunden zu gewinnen. Aufmerksam folgt sie den Ausführungen des Trainers zu den Themen „Nutzen bieten“ und „Zielgruppendefinition“. Zielgruppe – ist das nicht jeder? Kann nicht jeder meine Ware kaufen? Natürlich kann jeder die Ware kaufen, aber ist sie auch für jeden das Passende? Diese Frage des Trainers klingt bei Frau B. nach, als sie wieder im Laden steht und von Regal zu Regal geht, um heraus zu finden, ob ihre Ware zu der im Seminar definierten Zielgruppe passt. Dabei fällt ihr auf, dass sie gar keine klare Struktur hat und beginnt ihr Sortiment umzustellen. Sie entscheidet sich dafür, Geschenke in leicht gehobenem Standard anzubieten und als Extraservice kreative Verpackungen zu machen. Ihr ist klar geworden, dass bei ihr vorwiegend Personen einkaufen, die etwas Besonderes suchen, aber wenig Zeit haben. Zusammen mit einer Graphikerin entwirft sie zielgruppengerechte Flyer, in denen sie die kompetente und vor allem schnelle Hilfe bei der Suche nach dem richtigen Geschenk anbietet. Diese werden nicht einfach in Briefkästen geworfen, sondern vor allem dort verteilt, wo sie ihre Zielgruppe vermutet. Dazu passend wird eine Webseite entworfen, das Schaufenster wird ansprechender dekoriert und nicht mehr mit allem vollgeladen.

Frau B. ist mit ihrer Strategie bereits ein gutes Stück weitergekommen. Dadurch, dass sie sich gezielt Gedanken über den Nutzen und die Zielgruppe macht, wird sie vom passiven zum aktiven Verkäufer. Wer sich auf dieser Stufe befindet, weiß, dass er mit gezielten Maßnahmen mehr Kunden gewinnen kann. Der Fokus liegt dabei vor allem auf dem Handeln. Es werden gezielte Schritte gesetzt. Das können ebenso Schulungen im Umgang mit dem Kunden sein, wie die Anpassung des Sortiments aufgrund der Erkenntnis, dass bestimmte Ware für die Zielgruppe, die man ansprechen möchte, nicht geeignet ist.

Sich Gedanken über die Zielgruppe zu machen und alle Maßnahmen auf die Ansprache dieser abzustimmen, ist ein wichtiger Schritt in dieser Stufe des Verkaufsprozesses. Weg von „Alles für Alle" anzubieten, hin zu einem zielgruppengerechten Sortiment scheint am Anfang noch etwas gewöhnungsbedürftig, zahlt sich aber langfristig aus. Das gilt umso mehr, je kleiner das Unternehmen ist.

Aber auch die Verkaufsrhetorik ist hier ein Thema. Wie überzeuge ich meinen Kunden davon, dass er am besten bei mir kaufen soll und nicht woanders? Wie gehe ich geschickt mit Einwänden um? Was tue ich, wenn der Interessent keine klare Aussage macht? Rhetorische Mittel werden gezielt eingesetzt, um den Abschluss zu forcieren. Letztlich geht der Verkäufer hierbei davon aus, dass die erfolgreiche Anwendung und Mischung der einzelnen Methoden zum Verkaufserfolg führt. Seine eigene Stimmungslage oder sein Denken über Kunden oder Ware erscheint ihm unwichtig. Es wird einfach konsequent eine Akquisehandlung nach der anderen gesetzt. Der Schwerpunkt bleibt auf der äußeren Kommunikation mit der Zielgruppe. In dieser Stufe setzt man sich auch schon mit realistischen Erfolgsquoten auseinander und weiß, dass man einiges an Kommunikationsmaßnahmen leisten muss, um Kunden zu finden.

Zielsetzung mit dem Resonanzprinzip

„Du bist das Produkt Deiner Gedanken" – ob das wohl auch auf meinen Laden zutrifft. Hannelore B. hat diesen Satz in einem Buch über Resonanz gefunden. Der Gedanke, die eigene Wirklichkeit kreieren zu können, erscheint ihr logisch, doch etwas schwierig zu sein. Sie hat schon mehrfach versucht, sich mal einen Parkplatz zu bestellen, aber das hat nicht immer geklappt. Ob da wirklich etwas dran ist? Das eine Mal, wo es geklappt hatte, hatte sie die Parklücke als klares Bild vor Augen und wusste genau, dass das ihr Parkplatz ist. Es reizt Hannelore B. das auch mal für den Laden auszuprobieren. Da sie der Meinung ist, dass es nur besser werden kann, überlegt sie sich, welche Bilder sie sich vorstellen könnte, um mehr Kunden zu bekommen. Ihre rhetorischen Fähigkeiten sind schon recht gut geworden und auch die gezielteren Maßnahmen zeigen gute Wirkung, aber sie ist immer noch nicht mit ihrem Umsatz zufrieden. Von nun an nutzt Frau B. konsequent jeden Tag mehrfach die Gelegenheit, sich vorzustellen, dass viele Kunden ihren Laden besuchen und bei ihr ein passendes Geschenk finden. Sie stellt sich freudestrahlende Gesichter vor und wie ganz viele Menschen den Extra-Verpackungsservice schätzen und vielen anderen Menschen davon erzählen. In den ersten vier Wochen ändert sich nicht viel, aber nach weiteren vier fällt ihr auf, dass sie sehr viele Neukunden hat, die alle von einem Bekannten auf den Laden aufmerksam gemacht wurden. Und sie macht die Beobachtung, dass die Zahl der Käufer steigt.

Wer sich schon mit Literatur zum Thema „Resonanz“, „Wünsche beim Universum aufgeben“ oder ähnlichem beschäftigt hat, kennt diese Methode. Das ist die, die in den meisten Fällen vorgestellt wird, wenn es um das „Bestellen“ geht. Bei dieser Methode ist es sehr wichtig zu wissen, was man möchte. Man setzt sich also ein Ziel. Je nachdem, worum es geht, ist es empfehlenswert, sich intensiv damit auseinanderzusetzen, ob es auch das richtige Ziel ist. Hat man dies herausgefunden, wird die mentale und gefühlsmäßige Ausrichtung auf dieses Ziel gelegt. Man stellt sich das Ziel vor dem inneren Auge vor und visualisiert sich dieses Bild regelmäßig, bzw. so oft es geht. Dabei belässt man es nicht bei einem allgemeinen Bild, sondern versucht, sich die Details des gewünschten Zieles auszumalen.

Nehmen wir an, Sie hätten gerne ein Haus. Nach dieser Methode würden Sie so vorgehen, dass Sie sich genau ausmalen, wie dieses Haus aussieht, wie viele Zimmer es hat, wo es sich befindet, wie groß es ist, was es kostet, etc. Sie malen sich jedes Detail bildhaft vor Ihr inneres Auge und versuchen sich in den Augenblick hinein zu versetzen, in dem das Haus von Ihnen bewohnt wird. Dabei kann man sich auch die positiven Gefühle bereits herbeiholen und die Freude, die man spürt, wenn man in seinen eigenen vier Wänden verweilt. Als Verstärker kann man sich auch noch bedanken, dass der Wunsch bereits in Erfüllung gegangen ist. Je nachdem, wie intensiv man das macht und wie unerschütterlich man in seinem Glauben an dieses Haus ist, wird es sich zu einem gewissen Zeitpunkt unweigerlich manifestieren – und zwar nicht einfach so, dass es aus dem Nichts erscheint, sondern man wird es auf die eine oder andere Weise „finden“.

Damit diese Zielsetzung funktioniert, ist es wichtig, ein paar grundlegende Punkte zu beachten. Diese werden interessanterweise in vielen Büchern, die sich mit diesen Themen beschäftigen, nicht erwähnt. Oft wird der Anschein erweckt, dass es ausreicht, sich ein Ziel zu setzen und sich etwas zu wünschen, um alles zu erreichen, was man möchte. Also, sendet man einfach aus, dass man eine bestimmte Anzahl von Kunden bis zum Monatsende mit einem Umsatz X haben möchte, denkt einfach ganz fest daran und es wird schon klappen. Wenn man es dann ausprobiert, merkt man schnell, dass das gar nicht so einfach ist, mit diesen Zielen und wirft schnell das Handtuch in dem Glauben, dass es nicht geht.

Denn, wie bereits erwähnt: der Mensch ist ein vielschichtiges Wesen. Wir haben jede Minute unzählige Gedanken. Hinzu kommen alle Arten von Gefühlen, die mehr oder weniger stark ausgeprägt sind. Manche davon sind uns bewusst, andere wiederum tauchen in bestimmten Situationen ohne ersichtlichen Anlass auf. Daneben wirken noch unsere Glaubensmuster, die wir aufgrund unserer Entscheidungen und Erfahrungen in uns verankert haben. Auch dieser Bereich ist den meisten Menschen nicht zugänglich, da sie sich wenig oder gar nicht damit auseinandersetzen. Darüber hinaus sollte man die Urinstinkte nicht vergessen, die uns vor allem in Gefahrensituationen bzw., dem was das Gehirn als Gefahrensituation erkennt, schnell und meist reflexartig reagieren lassen. Das ist manchmal sehr hilfreich, z. B. bei einem Ausweichmanöver auf der Autobahn. Es kann aber auch sehr unangemessen sein.

Viele Ratgeber empfehlen, dass man alles schriftlich festlegt mit allen Details, die notwendig sind, bzw. die man sich wünscht. Dabei könnte man zum Beispiel den Wunsch nach mehr Kunden so formulieren: Ich möchte bis zum Ende des Halbjahres zehn Neukunden gewinnen, die mein Angebot schätzen, mindestens einen Umsatz von ... machen und mich an mindestens zwei Personen weiterempfehlen. Je bildhafter und detaillierter die Vorstellung, umso größer die Wahrscheinlichkeit, dass ein Resonanzfeld erzeugt wird und das Gewünschte eintritt. Davon geht diese Denkweise aus. Allerdings birgt diese Vorgehensweise einige Risiken. Wer sich zuviel in Details verliert, läuft Gefahr sich zu verzetteln. Außerdem kann es sein, dass man ein wichtiges Detail vergisst, da man an so viele

Kleinigkeiten denken muss. Bärbel Mohr schildert in einem ihrer Bücher genau diesen Fall. Sie hatte sich alle Attribute ihres Traumpartners auf ein Blatt Papier geschrieben und sich immer wieder damit beschäftigt. Nach einiger Zeit trat tatsächlich ein Mann in ihr Leben, der all die Dinge, die auf dem Zettel standen, erfüllte. Er hatte aber ein Attribut, dass sie für inakzeptabel hielt und daraus hat sie gelernt, dass so eine detaillierte Auflistung gut bedacht sein will, bevor man sie in die Welt hinausschickt. Sie empfiehlt, aufgrund dieser Erfahrung, anstelle von Detailplanung, Worte wie „optimal zu mir passend“ oder „zum richtigen Zeitpunkt“ zu verwenden.

Allerdings kann es für sehr bildhafte Typen durchaus hilfreich sein, sich jedes Details auszumalen. Achten Sie jedoch in jedem Fall darauf, dass Sie daran glauben können. Je mehr man ins Details geht, umso größer ist die Gefahr, dass man sich zu viel wünscht, und die Tür öffnet für Zweifel und mangelndes Vertrauen, ganz abgesehen davon, dass man sich auch ganz schnell ins Wünschen „verlieren“ kann und Gefahr läuft, den Blick für das Wesentliche zu verlieren. Gerade, wenn es um das Verkaufen geht, ist es wichtig, sich in einem realistischen Rahmen zu bewegen und sich nicht nur auf das Wünschen zu verlassen.

Die eigene Einstellung

Hannelore B. hat eine erstaunliche Entdeckung gemacht. Es gibt Tage, da sind ihre Kunden gut drauf und kaufen mehr ein, und dann gibt es Tage, wo kaum jemand kommt und diejenigen, die den Laden betreten sind eher mürrisch und selbst wenn sie etwas kaufen, nicht wirklich besser gelaunt. Erst dachte sie das liegt am Mondrhythmus – es soll ja so Tage geben, wo alle negativ beeinflusst sind, aber interessanterweise erkennt sie, dass sich die Laune der Kunden mit ihrer eigenen Laune deckt. An Tagen, an denen es ihr richtig gut geht, kommen gut gelaunte Kunden, an Tagen, wo sie besorgt ist oder schlechte Laune hat, scheint das die Menschen in ihrem Laden anzustecken, auch wenn sie gelernt hat, freundlich zu bleiben und sich nichts anmerken zu lassen. „Ob ich wohl meinen Verkaufserfolg mit guter Laune positiv beeinflussen könnte?“ fragt sich Frau B. Natürlich hat sie in einem Seminar mittlerweile auch gelernt, wie wichtig Freundlichkeit ist, doch gute Laune zu verbreiten, erscheint ihr noch einmal eine andere Kategorie zu sein. Sie beschließt, es einfach auszuprobieren und merkt, dass das gar nicht so einfach ist mit der guten Laune, wenn man gerade keinen Grund dazu hat, welche zu haben. Da sie aber entschlossen ist, nicht gleich aufzugeben, versucht sie es mit verschiedenen Dingen: kurz innehalten und den Augenblick genießen, in den Spiegel lächeln, morgens eine kurze Auszeit nehmen, um den Tag entspannter zu beginnen etc.

Kurz gesagt, sie versucht ihre Einstellung zu Dingen zu ändern und beginnt, an ihrer Persönlichkeit und ihren Stärken zu arbeiten und zu wachsen. „Da habe ich ja was angefangen“, denkt sie manchmal, wenn sie es so gar nicht schafft, etwas Positives zu sehen. Aber mit der Zeit gelingt es ihr immer besser, mehr Freude zu empfinden und sie bemerkt, dass sie ruhiger und gefestigter ist. Und die Kunden, die sind nur noch mürrisch, wenn der Mond wirklich gerade unpassend steht ...

Ja ja, die innere Einstellung. Ihre Bedeutung ist nicht zu unterschätzen, auch nicht im Verkaufsprozess. Gibt man zwei Personen das gleiche Produkt in die Hand, qualifizierte Adressen und eine gute Ausbildung, bedeutet das nicht, dass beide gleich erfolgreich sein werden. Die innere Haltung ist es, die den Erfolg bestimmt. Wie gehe ich an eine Sache heran? Dabei geht es nicht um das methodische Vorgehen, sondern wirklich um das, was innerlich abläuft. Es gibt Trainer, die machen nichts anderes, als Ihnen die „richtige“ Einstellung zu predigen, manchmal mit mehr oder weniger fragwürdigen Methoden, oder glauben Sie, dass man Ihre innere Haltung einfach mal so schnell mit ein paar Kniffen umpolen kann? Ich persönlich glaube das nicht, und kann nur erneut betonen, dass wir Menschen komplexe Wesen sind, und es ganz wichtig ist, uns in unserer Gesamtheit mit den verschiedenen Ebenen wahrzunehmen. Natürlich können Sie lernen, positiver zu denken, zu fühlen und sich auch besser auszurichten. Aber bringen Sie auch ein wenig Geduld mit und machen Sie sich klar, dass es um viel mehr geht als einfach nur darum, gute Laune zu haben. Es geht auch um Selbstbewusstsein, Selbstwert, Ihr Auftreten und natürlich die Bilder in Ihrem Kopf, die sich rund um Erfolg oder Misserfolg drehen.

Loslassen und Vertrauen – die hohe Schule der Resonanz

Hannelore B. ist zufrieden. Der Laden läuft zufrieden stellend und die Zahlen sind um einiges besser. Nach drei Jahren hat sie endlich das Gefühl, ein gewisses Maß an Stabilität erreicht zu haben und mit ihrer positiven Einstellung auch zu halten. Sie hat gelernt auf Stimmungsschwankungen zu achten, sich nicht mehr so leicht beeinflussen zu lassen und konsequent ihre Bilder und Ziele vor Augen zu haben. Da trifft sie eines Abends auf einer Veranstaltung für Einzelhändler auf Charlotte M., eine resolut wirkende und sehr sympathische Person mit selbstbewusstem Auftreten und blitzenden Augen. Die beiden Frauen verstehen sich auf Anhieb und tauschen sich über ihre Arbeit aus. Auch Charlotte hat einen Geschenkeladen, und dieser läuft richtig gut. „Da haben Sie sicher eine gute Strategie und Bestlage“, meint Hannelore B., doch Charlotte lacht nur und meint: Nein, Bestlage sei das nicht wirklich und was sie denn mit Strategie meine. Sie gehe jeden Morgen gut gelaunt in ihren Laden und vertraue darauf, dass an diesem Tag die richtigen Kunden kommen werden, und dass sie so wie bisher genug Umsatz machen wird, um gut leben zu können. Aus diesem Wissen heraus, gehe sie ganz locker an die Sache heran und betrachte jeden Kunden erst einmal als Mensch, dem sie etwas geben möchte. Dabei erlebe sie immer wieder, dass es viele Menschen gibt, die ihren Laden scheinbar zufällig entdecken und aufgrund einer hohen Begeisterung für die Ware und den Service, den sie biete, immer wiederkommen.

Die fünfte Stufe besteht daraus, darauf zu vertrauen, dass das, was zum jetzigen Zeitpunkt gut ist, automatisch kommen wird. In dem Vertrauen darauf, dass es eine höhere Macht gibt, setzt man sich kein Ziel und sendet auch keinen konkreten Wunsch aus, sondern achtet vorwiegend darauf, die eigene Frequenz/Schwingung möglichst hoch zu halten, damit das, was zu einem passt, einen auch findet.

Diese Vorgehensweise ist nur etwas für Menschen, die an eine höhere Macht in irgendeiner Form glauben und sich dieser anvertrauen können. In dem festen Glauben, dass diese höhere Instanz weiß, was für den Erfolg bzw. für die eigene Existenzsicherung notwendig ist, überlässt man ihr die ganze Sache. Welchen Namen man dieser höheren Macht gibt – Seele, Gott, Brahman, Universum, Engel, oder ... – ist dabei nebensächlich.

Die hohe Schule der Resonanz besteht in dem unerschütterlichen Glauben daran, dass diese höhere Instanz genau weiß, was für uns am besten ist. Aus diesem Wissen heraus kann man sich ihr voll und ganz anvertrauen und ihr die Erfüllung von Wünschen und das Erreichen von Zielen überlassen. Für jemanden, der sein Leben gerne selbst in der Hand hält und die Stufen seiner Karriere selbst planen möchte, wird dies schwierig sein. Diese Stufe erfordert neben Glauben auch ein hohes Maß an Vertrauen und die Fähigkeit los zu lassen. Außerdem braucht es die Bereitschaft flexibel zu sein, denn es kann sehr gut sein, dass der eigene Plan nicht mit dem Plan der höheren Instanz in Einklang ist. Dann muss man entscheiden, wem man folgen möchte. Eine Empfehlung zu geben, was sinnvoll ist, ist schwierig. Jeder muss für sich selbst wissen, ob er zu einer Strategie bereit ist, die mehr mit Loslassen zu tun hat, als mit festen Zielen. Da diese Vorgehensweise vielen bekannten Methoden widerspricht, kann die Hemmschwelle sehr hoch sein, sie auszuprobieren. Wir sind außerdem sehr „ziele- und planungsgeprägt" und möchten unseren Erfolg am liebsten selbst steuern. In betriebswirtschaftlichen Studien und Kursen lehrt man seit langer Zeit, dass dies möglich ist. Zahlreiche Beispiele belegen auch, dass dies der Fall ist, zumindest, wenn man die rein materielle Ebene betrachtet. Wer über das Materielle hinaus gehen möchte und danach strebt, vor allem Zufriedenheit im Tun zu erlangen, dem kann die Strategie des Loslassens und Vertrauens sehr weiterhelfen.

Aber es reicht nicht aus, nur zu vertrauen und die Hände abwartend in den Schoß zu legen. Auch diese Stufe erfordert ein gewisses Maß an Leistung, wenn auch in einer völlig anderen Form als die anderen Stufen. Wenn wir davon ausgehen, dass Gleiches Gleiches anzieht und eine hohe Schwingung automatisch zum gewünschten Erfolg führt, sieht das in dieser Stufe so aus: Man tut alles, um sich auf eine hohe Schwingungsebene zu begeben. Dazu können Sie natürlich jetzt meditieren und beten, aber es gibt auch andere Methoden, falls Ihnen das zu weit geht. Ziel ist es, sich von negativem Denken und Fühlen soweit zu befreien, dass man mit sich und der Welt zufrieden ist. Der Fokus liegt darauf glücklich zu sein, egal was ist. Dabei geht es nicht nur darum, alles anzunehmen und als Chance zu nutzen, sondern um viel mehr. Es geht um das, was als „Flow-Zustand" bezeichnet wird. Das ist die Erreichung jenes Zustandes, wo man in so einem hohen Energiefeld schwingt, bei dem einem alles zuzufliegen scheint und sich die Zufälle passend zu dem ergeben, was man gerade braucht.

Sie merken schon, das ist keine leichte Aufgabe und erfordert ein hohes Maß an Flexibilität und Bereitschaft, sich persönlich weiter zu entwickeln. Es ist eine ganz andere Herangehensweise als die klassische Methode. Sie geht weit über das reine positive Denken hinaus und erfordert mehr Übung als zum Beispiel das Antrainieren von rhetorischen Argumenten. Wem diese Methode verlockend erscheint, sollte sich im Klaren sein, dass eine Planung im herkömmlichen Sinne schwierig wird und der Weg zum

Erfolg die eine oder andere interessante, aber auch unerwartete Abzweigung bereithalten kann.

Kunterbuntes Durcheinander

Jede Stufe ist von der jeweils anderen komplett unabhängig und dennoch ist jede denkbare Variante bzw. Mischung möglich. Es gibt natürlich Fälle, in denen Menschen so begeistert sind von dem, was sie tun, dass sie aufgrund ihrer positiven Energie und dem Glauben an sich selbst erfolgreich sind, und zwar auch dann, wenn sie gar nicht gezielt methodisch vorgehen. Auch kann ein rein methodisches Vorgehen von sehr viel Erfolg gekrönt sein. Durch die Zielgerichtetheit trägt der fleißige Einsatz irgendwann automatisch Früchte, sofern das Ganze nicht durch negatives Denken blockiert wird. Da viele Dinge unbewusst ablaufen, kann auch eine positive Grundstimmung unbewusst wirken. Es gibt zahlreiche Erfolgsbeispiele, die auf dem Resonanzprinzip beruhen, bei denen sich die Personen aber gar nicht bewusst mit diesem Thema auseinander gesetzt haben. Es ist auch gar nicht notwendig. Manche wissen einfach aus sich heraus, was zu tun ist, um ihr Ziel zu erreichen und haben eine positive Grundeinstellung. Die beiden Hauptfaktoren sind ein starker Glaube an sich selbst oder an die Sache und ein hohes Maß an Begeisterung. Wer diese beiden Dinge besitzt, kann andere Menschen automatisch mitreißen und überzeugen.

Meistens ist es so, dass ein komplexes „Durcheinander" in uns wirkt, das uns gleichzeitig in mehreren Stufen sein lässt. Mal glauben wir mehr, mal weniger an uns und unser Vorhaben, wir unterliegen Stimmungsschwankungen, und auch die best durchdachte Strategie kann in der Praxis scheitern. Bei allem Wissen um Resonanz, halte ich es immer wieder für wesentlich, sich der Komplexität des Ganzen bewusst zu sein und sich zu vergegenwärtigen, dass wir niemals alle Vorgänge, Zufälle und Befindlichkeiten erkennen und beeinflussen können.

Und so hilfreich und wichtig eine positive Einstimmung und Ausrichtung sind, das Gleiche gilt auch für eine gute Strategie. Wer glaubt, dass es ausreicht, sich einfach nur hin zu setzen und darauf zu warten, dass alles gut wird, hat das Resonanzprinzip nicht wirklich verstanden. Es geht nicht darum, tatenlos zuzusehen, wie sich alles schon positiv entwickeln wird oder sich darauf zu beschränken, Bilder vom Idealzustand im Kopf zu erzeugen. Sie können noch so fest an den Lottogewinn glauben und ihn herbeisehnen, wenn Sie keinen Lottoschein ausfüllen, kann dieser Wunsch nicht erfüllt werden. Ebenso wenig ist es sinnvoll, nur die Hände in den Schoß zu legen und darauf zu warten, dass sich endlich Verkaufserfolg einstellt, wenn der Kunde Sie nicht finden kann.

Zu einer guten Basis für den Verkauf gehören funktionierende Marketingmaßnahmen. Das sind unter anderem eine Webseite mit aktuellen Inhalten und zielgruppengerechten Texten, die den Nutzen des Angebots vermitteln sowie der Kontakt zur Zielgruppe, der auf unterschiedlichen Wegen über Netzwerke, Kooperationspartner, Kundenempfehlungen, Mailings, Flyer und Infobroschüren oder Anzeigen erfolgt.

Die Prinzipien der Resonanz und die positive Ausrichtung verstärken Ihre Maßnahmen. Je mehr Sie es schaffen, in eine höhere Schwingung zu kommen, umso wahrscheinlicher ist es, dass Sie spontane Ideen für neue Aktionen bekommen oder einen Impuls von innen, jemanden zu kontaktieren. Oder Sie treffen zufällig auf jemanden, der Ihnen helfen kann, an Ihren Wunschkunden zu kommen.

Welchen Weg Sie hier wählen, bzw. welche Mischung und in welchem Verhältnis die einzelnen Maßnahmen zueinander stehen, sollten Sie gut überlegen. Gezielte Maßnahmen bringen oft mehr, als breit gestreute. Daher ist es wichtig, sich genaue Gedanken über die eigene Zielgruppe zu machen und zu überlegen, wo diese zu finden ist, welche Medien sie bevorzugt und welche Sprache sie spricht. Die positive Resonanz, die Sie als Verkäufer oder als Unternehmen ausstrahlen, lässt Kunden vielleicht zufällig auf Ihre Webseite sehen oder Sie treffen bei einem unbeschwerten Netzwerkabend Ihren neuen Großkunden.

Betrachten Sie einmal Ihre eigene Herangehensweise. Wie viel überlassen Sie dem Zufall? Wo agieren Sie ausschließlich strategisch? Haben Sie schon auf Ihre Laune beim Verkaufen geachtet? Wie haben Sie Ihre Aufträge bekommen – durch scheinbaren Zufall, oder haben Sie stets die Kunden erhalten, die Sie auch wollten? Woran lag das?

Das Prinzip der Resonanz wenden Sie immer an, egal ob bewusst oder unbewusst, denn was Sie aussenden, kehrt stets in irgendeiner Form zu Ihnen zurück. Sie können selbst entscheiden, ob Sie bewusster vorgehen wollen oder nicht.

Zu einfach? Zu utopisch? Nun, wenn Sie es glauben, dann wird es so sein. Ich weiß, das ist eine lapidare Antwort, derer man sich leicht bedienen kann. Aber wer um diese Gesetzmäßigkeiten weiß, die um uns herum wirken, der weiß auch, dass es genau so sein wird.

Wenn Sie glauben, dass Vertrieb ein hartes Geschäft ist, bei dem man es nur zu etwas bringt, wenn man hunderte Kontakte abarbeitet, dann werden Sie nur so Erfolg haben, und nicht anders. Ganz einfach deswegen, weil es außerhalb Ihres Vorstellungsvermögens liegt, dass es einfach gehen könnte. Leicht verdiente Kunden werden Sie Ihrem Fleiß zuschreiben oder dem Faktor Zufall, oder dem Prinzip, dass jeder auch einmal Glück hat, aber das ist ja die Ausnahme, die Regel ist, dass Sie hart für Ihren Verkaufserfolg arbeiten müssen.

Was außerhalb Ihrer Vorstellung liegt (und zwar egal ob bewusst oder unbewusst) liegt außerhalb Ihres Schwingungskreises und ist daher für Sie nicht zugänglich. Sobald Sie den Schritt in eine neue Schwingung wagen, werden Ihnen andere Wege zum Kunden zugänglich sein.

Je kleiner, desto einfacher

Das Beispiel von Hannelore B. ist noch leicht nachvollziehbar. Was aber, wenn in dem Laden neben Frau B. noch weitere fünf Verkäuferinnen tätig sind? Dann tummeln sich Margot T., Lieselotte H., Maria F., Anna S. und Rita M. fröhlich im Laden, jede mit ihrer eigenen Motivation und ihren Gedanken und Gefühlen zum Verkaufen, zu ihrer Arbeit und zu den Kunden. Das ergibt ein buntes Durcheinander an Schwingungen, die alle den Erfolg beeinflussen. Anna S. zum Beispiel liebt die Arbeit mit den Geschenkartikeln, sie geht in der Beratung mit dem Kunden völlig auf, verzettelt sich aber gerne in Kleinigkeiten. Ganz anders, Margot T., die nur hier arbeitet, weil sie unbedingt das Geld braucht und in ihrem gelernten Job als Buchhalterin nichts gefunden hat. Sie empfindet das ständige Rumgetue mit den Kunden als lästige Pflicht und räumt lieber die Regale um, und auch Lieselotte, Maria und Rita haben ihre eigenen Befindlichkeiten und Haltungen zur Ware, zum Kunden und zum Verkaufen.

Jetzt sind fünf Mitarbeiter noch sehr überschaubar. Je größer ein Unternehmen ist, umso schwieriger wird es, den Überblick zu behalten. Das gilt nicht nur für die Organisation und die Verwaltung der Abläufe sondern auch für die Resonanz, die durch die Gedanken und Gefühle jedes einzelnen Mitarbeiters „produziert“ werden. Wenn man als Unternehmer gezielter mit dem Resonanzprinzip arbeiten möchte, sollte man dies unbedingt beachten. Es reicht hier nicht aus, dass man an seiner eigenen Einstellung arbeitet und sich ausrichtet. Der Unternehmenserfolg hängt auch von dem ab, was die Mitarbeiter „aussenden“. Ein Grund mehr Mitarbeitern ein Arbeitsumfeld zu schaffen, in dem sie sich wohl fühlen und gleichzeitig gut und zielstrebig arbeiten können. Aber auch ein Grund einmal zu überprüfen, ob man Stellen richtig besetzt hat und ob es die Mitarbeiter sind, die so zum Unternehmen passen, dass sie optimale Ergebnisse erzielen. Da macht es durchaus Sinn, bei der Personalauswahl nicht nur auf die Zeugnisse zu achten.

Auch wenn mit zunehmender Größe die ganze Sache zu einer immer größeren Herausforderung wird, bietet sich auch eine sehr große Chance. Je mehr Personen am gleichen Strang ziehen, umso schneller und einfacher ist es ein Ziel zu erreichen.

Die Sache mit den Zielen

Hintergrund von Stufe drei des Resonanzprinzips ist das Hinterfragen von Zielen. Sind die Ziele, die man sich gesetzt hat, wirklich die Ziele, die einen glücklich machen? Oder sind es einfach nur Dinge, die man glaubt, haben oder erreichen zu müssen? Ziele zu haben ist nichts Schlechtes. Aber man sollte sich ruhig einmal fragen, wo diese Ziele herkommen, was sie für einen Sinn machen, was die Konsequenz ist, wenn man sie erreicht, und vor allem, ob sie dazu dienen, Glück und Zufriedenheit zu finden.

Viele Menschen geben sich mit einem Ziel schon zufrieden, wenn es ihre materielle Existenz sichert. Das ist schade, denn es ist wesentlich mehr möglich. Aber dadurch, dass viele Menschen glauben, dass man eben nicht alles haben kann, verzichten viele auf Glück und Zufriedenheit und begnügen sich mit weniger, als sie haben könnten. Prüfen Sie doch einfach mal für sich selbst, wie das mit Ihren Zielen aussieht. Welche Prioritäten haben Sie bei Ihrer Berufswahl gesetzt? Waren es materielle oder immaterielle Aspekte?

Wo haben Sie Ihre Sehnsüchte fallen gelassen und sich mit weniger zufrieden gegeben, in dem Glauben, dass eben nicht mehr drin ist? Welchen Werten und Ratschlägen sind Sie gefolgt oder folgen Sie, Ihren eigenen, denen Ihrer nahen Umwelt oder dem, was gesellschaftlich scheinbar maßgebend ist. Wir leben in einer Welt, in der materielle Werte vor allem in der Wirtschaftswelt Ansehen und Achtung finden. Jemand, der viel arbeitet, viel Geld verdient und ein tolles Haus und Auto vorweisen kann, der hat es in den Augen unserer Gesellschaft zu etwas gebracht. Jemand, der seiner Berufung folgen will und nach Zufriedenheit strebt, wird oft belächelt, verachtet oder gemieden. Daher ist es kein Wunder, dass die meisten Menschen nach materiellen Zielen streben, denn wer möchte schon gemieden werden?

Das halten letztlich nur Menschen aus, die innerlich stark sind bzw. innere Stärke auf dem Weg zu ihrem Ziel entwickeln. Es gibt zahllose Beispiele von Menschen, die nach Veränderung strebten und weniger auf Profit achteten oder die ein Problem erkannten, und es lösen wollten. Das war ihnen viel wichtiger als reich zu werden. Viele von ihnen haben mit Eifer, Beharrlichkeit und Begeisterung an ihren Projekten gearbeitet. Sicherlich haben nicht alle Erfolg gehabt, aber es gibt doch viele, die es hatten. Denken Sie einfach nur an Unternehmer wie Walt Disney, Henry Ford oder Bill Gates.

Welche Methode Sie anwenden ist Ihre persönliche Entscheidung, es sollte dabei nicht nach besser oder schlechter entschieden werden, sondern eher nach persönlicher Vorliebe. Aber manche Ziele sind nur Nebenschauplätze, manche Ziele haben wir aus Trotz entwickelt oder aus dem Streben heraus Anerkennung zu finden. Wenn Ihnen wahre Zufriedenheit ein wichtiger Wert für Ihr Leben ist, dann kann ich Sie nur ermutigen, auf die Suche nach den Zielen zu gehen, die Ihnen dies ermöglichen.

Resonanz und Geld

Die Vorstellung durch Gedankenkraft reich zu werden, ist sehr verlockend. Nach dem Thema Beziehungen dürfte es der Punkt sein, der für die meisten am interessantesten ist, wenn es um Resonanz geht. Genug Geld zu besitzen, schafft Handlungsspielraum und Unabhängigkeit. Das gilt nicht nur im persönlichen Umfeld, sondern auch, wenn es um unternehmerische Belange geht. Natürlich funktioniert das Prinzip von Ursache und Wirkung auch beim Geld. So, wie man sich durch den richtigen Fokus zur rechten Zeit den passenden Parkplatz bestellen kann, kann man sich auch zur rechten Zeit Geldbeträge ins Leben rufen.

Allerdings gilt es ein paar grundlegende Dinge zu beachten, denn das Thema Geld ist viel stärker mit Glaubenssätzen behaftet, als es der passende Parkplatz ist. Schließlich geht es dabei nicht selten um die Sicherung der eigenen Existenz und da ist es schon ein Stück schwieriger, mit genügend Lockerheit an die Sache heranzugehen. Auch wenn Geld letztlich nur ein Zahlungsmittel ist, um Warenaustausch zu erleichtern, zeigt die eigene Finanzsituation auch wie ein Spiegel den eigenen Zugang zu Fülle und Reichtum. Dies ist oft gar nicht so einfach zu durchschauen. Gerade Menschen, die viel Geld haben möchten, verlieren es schnell wieder, oder es kommt erst gar nicht bei ihnen an, egal wie verzweifelt sie sich bemühen. Zu leicht kann man statt Fülle Mangel erzeugen, wenn man nicht aufpasst und nicht bereit ist, genau hinzusehen, was einem der Spiegel Geld sagen möchte.

Das Streben nach Geld kann einen ganz schnell verleiten, gierig zu werden und sich ausschließlich auf „Mehr haben wollen" auszurichten. „Mehr haben wollen" impliziert automatisch, dass jetzt gerade nicht genug vorhanden ist. Wird dies auch noch mit Existenzangst kombiniert, entsteht ein perfekter Cocktail um Mangel auszusenden und höhere Verkaufsumsätze zu boykottieren. Da hilft es dann nicht mehr viel, Umsatzziele festzulegen. Nach den Gesetzen der „Self-fulfilling-prophecy" kehrt zurück, was ausgesendet wurde. In diesem Fall ist es: „Es ist nicht genug vorhanden". Verstärkt sich dieses Bild zusehends im Inneren, setzt sich eine Negativspirale in Gang, die nach und nach mehr und mehr Mangel erzeugt, was immer weniger Geld in der Kasse zur Folge hat. Da helfen dann die besten positiven Absichten ebenso wenig wie exakte Zielformulierungen. Wer langfristig Fülle und Reichtum in sein Leben ziehen möchte, muss den Boden dafür bereiten und die richtigen Samen legen.

Dazu empfiehlt es sich, die eigenen Handlungsweisen und Denkmuster auf den Prüfstand zu stellen und zu ändern. Schauen wir uns beispielhaft einige an:

- Wie denken Sie über Menschen, die viel Geld besitzen?
  Neid und Missgunst sind kein guter Nährboden für den eigenen Reichtum.

- Welche Gefühle löst Ihr Kontostand bei Ihnen aus?
  Je mehr sich Ihr Magen verkrampft, beim Anblick Ihrer Zahlen, umso mehr Mangel ziehen Sie aufgrund Ihrer Ängste an. Auch, wenn Ihre Existenzängste begründet sein mögen, versuchen Sie, sich davon Schritt für Schritt zu befreien. Die Situation ist so, wie sie ist. Wenn Sie es schaffen, dies neutral zu betrachten, ist schon sehr viel erreicht.

- Wie hoch ist Ihre Bereitschaft, Steuern zu bezahlen?
  Als Unternehmer wissen Sie, dass ein hoher Umsatz noch lange keinen hohen Gewinn garantiert. Ganz unabhängig davon, kann aber auch die mangelnde Bereitschaft, Steuern zu zahlen, schon verhindern, dass Ihr Gewinn steigt. Drehen Sie es einfach um – und zwar in Ihrem Denken: Freuen Sie sich, wenn Sie viele Steuern zahlen, denn das bedeutet, dass Sie viel Geld verdient haben ... Auch wenn dies ungewöhnlich ist und andere dies befremdlich finden mögen, versuchen Sie es einfach mal!

- Brauchen Sie dringend Geld?
  Und das nächste Angebot muss unbedingt ein Auftrag werden, egal wie? Mit Panik und Druckausübung auf den potenziellen Kunden haben Sie allerdings schlechte Karten. Der Andere spürt

unbewusst, dass auf ihn Druck ausgeübt wird und reagiert automatisch mit Widerwillen. Das ist keine gute Basis für eine langfristige Kundenbeziehung – sofern es überhaupt zum Auftrag kommt.

- Warum möchten Sie mehr Geld haben?
  Es ist ein großer Unterschied, ob Sie sich ein angenehmes Leben gestalten wollen, mit viel Luxus und Komfort oder ob Sie mit Ihrem Geld einen wertvollen Beitrag für die Gesellschaft leisten möchten. Achten Sie hier besonders darauf, was Ihnen echte Zufriedenheit bringt und bedenken Sie, dass das eine das andere nicht ausschließen muss.

- Wie steht es mit Ihrer eigenen Zahlungsmoral?
  Ich bin mir sicher, dass Sie von Ihren Kunden möchten, dass diese sofort bzw. möglichst schnell bezahlen. Doch wie sieht es aus, wenn Sie selbst Kunde sind. Zahlen Sie Ihre Rechnungen sofort oder auf den letzten Drücker? Vergleichen Sie Ihr Verhalten mit der Zahlungsmoral Ihrer Kunden. Es kann gut sein, dass das Verhalten Ihrer Kunden sich dem Ihrigen anpasst. Sie können sich einiges an Mahngebühren sparen, wenn Sie selbst darauf achten, dass Sie Ihre Lieferanten schnell bezahlen und dies vor allem auch gerne tun. Wenn Sie ungern für etwas bezahlen und das Geld nur schwer aus der Hand geben, kann es gut sein, dass Sie ebenso wenig Wertschätzung von Ihren Kunden für das erhalten, was Sie verkauft haben.

- Wie sieht es bei Ihnen aus mit „Geiz ist geil"?
  Sind Sie ein Schnäppchenjäger – immer auf der Suche nach dem ^ billigsten Angebot? Dann wundern Sie sich bitte nicht, wenn Ihre Kunden um Rabatte feilschen oder sich für die Konkurrenz entscheiden, nur weil diese etwas billiger ist.

- Wo sind Ihre Grenzen?
  Unabhängig davon, wie toll Sie es fänden, eine Million Euro Gewinn pro Monat zu machen, fragen Sie sich auch, wo die Umsatz- bzw. Einkommensgrenze in Ihrem Kopf liegt. Diese verhindert, dass mehr kommen kann. Ab welchem Betrag fangen Sie an, sich unwohl zu fühlen? Wenn Sie mehr haben möchten, müssen Sie bereit sein, diese Grenze zu sprengen.

Zusammenfassend kann man sagen, dass Mangel vor allem erzeugt wird durch:

- Gier
- Horten von Geld
- Fokus auf „unbedingt brauchen bzw. haben wollen“
- Angst, dass zu wenig da ist

und Fülle erzeugt wird durch:

- Bereitschaft zu geben und Nutzen zu bieten
- Wertschätzung anderen und deren Leistung gegenüber (die nicht unbedingt in Geld ausgedrückt werden muss)
- Zufriedenheit mit dem, was man hat
- Bereitschaft Geld anzunehmen
- Großzügigkeit

Machen Sie sich stets bewusst, das, was Sie aussenden, kehrt zu Ihnen zurück. Am Geldfluss können Sie sehr schnell erkennen, wo Ihre Ausrichtung liegt.

Die Kraft der Gedanken – Auswirkungen auf den Verkaufserfolg

Das Prinzip von Ursache und Wirkung hat nicht nur mit den Zielen zu tun, die man sich setzt. Jeder Gedanke und jedes Gefühl beeinflusst in irgendeiner Weise unser Handeln und das, was zu uns zurückkommt. Wenn es um Resonanz geht, geht es daher nicht nur um Ziele und die damit verbundenen Gefühle, sondern um viel mehr. In Bezug auf den Verkaufsprozess spielen folgende Aspekte eine wichtige Rolle:

Was denke ich über:

- meine Zielgruppe?
- mein Produkt?
- das Verkaufen an sich?
- meinen Preis?
- meinen Verkaufserfolg?
- mein Verkaufsziel?

Gedanken zur Zielgruppe

Haben Sie sich schon einmal gefragt, was im Kopf Ihres Kunden vorgeht? Zahllose Marktforschungs- und auch Marketingexperten beschäftigen sich mit der Psychologie des Kunden und der Wirkung von Signalen auf seine Kaufbereitschaft. Was muss ich tun, damit er mein Angebot attraktiv findet? Das ist die große Frage im Verkauf.

Die andere Seite wird dabei meist vernachlässigt, nämlich was der Verkäufer über seine Kunden denkt. Dabei ist diese mit ausschlaggebend für den Erfolg des Verkäufers.

Ich kann mich gut erinnern, als ich in einem Laden mit einer Angestellten gesprochen hatte, die gerade ein Regal neu sortierte. Sie war sichtlich stolz auf die schöne Gestaltung und meinte mir gegenüber: „Am liebsten würde ich jetzt den Laden zusperren, damit das Regal so bleibt. Die Kunden machen immer alles kaputt!"

Ich habe ein paar Tage gebraucht um den Zusammenhang zwischen dem zurückgehenden Umsatz und dieser Aussage zu erkennen. Aber dann war mir völlig klar, dass diese Haltung, den Kunden als Störfaktor zu sehen, den Verkaufserfolg reduzieren kann. Durch den ausgesprochenen Satz wurde der unbewusste Wunsch ausgesendet: „Fass bloß nichts an, ergo kauf auch nichts, damit hier alles so schön bleibt, wie es ist". Das unternehmerische Ziel, möglichst einen hohen Warenumschlag zu erzielen, wurde dadurch boykottiert.

Ähnliche Auswirkungen kann eine gleichgültige Haltung dem Kunden gegenüber haben. Wenn es einem egal ist, ob man Kunden hat und welche wann kommen und vergisst, sich um sie zu bemühen, wird es den Kunden gemäß dem Resonanzprinzip wahrscheinlich auch ganz schnell gleichgültig sein, ob sie hier oder woanders einkaufen. Wer eine langfristige Kundenbeziehung anstrebt, sollte daher darauf achten, dass er seinen Kunden ein Gefühl des Willkommenseins vermittelt. Das umfasst nicht nur eine nette Begrüßung und eine serviceorientierte Bedienung, sondern geht weit darüber hinaus.

Wie geht es Ihnen? Sie sind im Stress, das Telefon klingelt, und ein Kunde stört Sie bei einer wichtigen Arbeit. Was denken Sie? Ist Ihnen der Kunde willkommen, oder möchten Sie ihn schnell wieder loswerden. Denken Sie ans Resonanzprinzip und achten Sie in Zukunft auf diese scheinbaren Kleinigkeiten, wenn Ihnen Ihre Kunden wichtig sind.

Ein weiterer wichtiger Punkt ist das Geld in Bezug auf die Kundenbeziehung. Wer seine Kunden nur als Käufer sieht, braucht sich nicht wundern, wenn sie woanders kaufen, sobald es dort billiger ist oder wenn er Kunden hat, die um jeden Cent feilschen, alles billiger haben wollen oder spät zahlen, um noch ein wenig Zinsen einzusparen. Wer den eigenen Profit in den Vordergrund stellt und von (Hab)gier getrieben ist – ich übertreibe bewusst – sollte sich nicht über mangelnde Wertschätzung für sein Angebot seitens des Kunden wundern und auch nicht darüber, dass die Fluktuation hoch ist. Wer immer nur kurzfristige Erfolge im Auge hat, sollte sich nicht wundern, wenn die Kundengewinnung immer schwieriger wird. Achten Sie darauf, Ihren Kunden mit Wertschätzung zu begegnen, wenn Sie Wert auf gute und stabile Beziehungen zu ihnen legen. Und bedenken Sie, dass dies bereits früh in Ihrem Kopf beginnt und nicht erst, wenn Sie Ihrem Kunden persönlich begegnen.

Gedanken zum Produkt

Kennen Sie diese Situation? Sie gehen mit Ihren Kollegen auf eine Messe und führen dort die neueste Innovation Ihres Unternehmens vor. Die Fachleute haben noch bis spät in die Nacht an den letzten Feinheiten gearbeitet, es aber nicht geschafft, dass das Produkt komplett fehlerfrei ist. Bei Ihrer ersten Präsentation kommt es zum „Vorführeffekt“ und das Produkt zeigt sich von seiner schlechtesten Seite. (Ich bin sicher, dass vor allem Softwareverkäufer genau wissen, was ich meine) Was ist Ihr erster Gedanke? „So ein ... – Produkt?“ oder „Na ja, kann ja immer mal passieren“ oder „Mensch, wieso schaffen wir es nie, etwas richtig zu machen“, um nur ein paar Beispiele zu nennen.

Natürlich kann etwas schief gehen, das bedeutet noch nicht, dass Ihr Produkt grundsätzlich nicht zu gebrauchen ist. Die Frage ist hier, wie Sie im Verkaufsprozess damit umgehen. Was strahlen Sie aus? Wie sehr stehen Sie zu dem, was Sie verkaufen? Lassen Sie sich von ein paar kleinen Problemen verleiten, das ganze Produkt negativ zu sehen? Was bedeutet so eine Einstellung für Ihren Erfolg?

Oder sehen Sie das ganz anders, und Ihr Produkt ist das Beste, Tollste und überhaupt Wertvollste, das es gibt? Der Kunde muss es einfach haben, und wen interessieren da ein paar kleine Mängel?

Ein goldener Mittelweg ist hier ratsam. Natürlich wird ein guter Verkäufer nicht gleich dem Kunden alle kleinen Mängel eines Produkts aufzählen oder das, was es nicht leisten kann. Sie sollten ruhig erst einmal die positiven Seiten Ihres Angebots in den Vordergrund stellen. Aber bleiben Sie ehrlich, wenn es darum geht, was Ihr Produkt kann. Oder möchten Sie Unehrlichkeit ernten?

Im Dienstleistungsverkauf stellt sich eine ganz andere Problematik. Je kleiner das Unternehmen umso mehr ist die Dienstleistung mit der eigenen Person verknüpft. Das gilt vor allem für Einzelunternehmer. Produkt und Verkäufer verschmelzen quasi zu einer Person. Das ist an sich nichts Schlimmes, hat aber unangenehme Folgen, wenn das Angebot auf Ablehnung stößt. Die wenigsten Menschen sind so frei von Urteilen anderer, dass sie sich von einer Ablehnung sofort distanzieren können. Die erste Reaktion ist meist die, die Ablehnung persönlich zu nehmen. Der Kunde lehnt das Angebot ab, Angebot bin gleich ich selbst, ich selbst werde abgelehnt, daher ist das Angebot schlecht – ein Teufelskreislauf beginnt, wenn man nicht lernt, damit umzugehen.

Egal, was Sie verkaufen, hinterfragen Sie, wie Sie es tun, was Sie darüber denken und vor allem, ob es zu Ihnen passt, hinsichtlich Ihres Werteempfindens und hinsichtlich dessen, was Sie Ihren Kunden bieten.

Gedanken zum Verkaufen an sich

Auf diesen Punkt gehe ich hier nur noch sehr kurz ein, da er bereits im ersten Kapitel intensiv behandelt wurde. Es ist insofern ein wichtiger Punkt, da er im Berufsalltag kaum Beachtung findet. Wir kreisen mit unseren Gedanken oft um Zielgruppen, Produkt oder Strategie, bedenken aber kaum, dass eine negative Haltung zum Verkaufen an sich schon erfolgshemmend wirken kann. Angst vor Aufdringlichkeit läuft sehr subtil und unbewusst ab und prägt das Handeln vieler. Eine positive Haltung zum Verkaufen kommt nicht von heute auf morgen und kann auch nicht mit reinem positiven Denken auf Kommando produziert werden. Es braucht eine gewisse Zeit, bis man genügend Sicherheit erlangt, souverän zu agieren. Zu Beginn reicht es, sich bewusst zu machen, wo man steht und die Bereitschaft zu entwickeln, die eigene Meinung zum Verkaufen zu hinterfragen, hin zu einem Bild, das neutral oder positiv geprägt ist. Auf der Basis von ethischen Werten kann dies sogar recht schnell gelingen. Kreieren Sie ein positives Bild eines Verkäufers, das alles enthält, was Sie sich selbst als Kunde wünschen. Und lassen Sie dieses erst in Ihrer inneren Vorstellung und dann Schritt für Schritt im Außen sichtbar werden.

Gedanken zum Preis

Jedes Angebot hat seinen Preis und seinen Wert. Dies sind elementare Bestandteile des Verkaufsprozesses. Nur, wenn der Kunde den Wert der Ware erkennt und/oder den Preis akzeptiert, kommt es zum Verkaufsabschluss, egal, ob Sie Brot verkaufen oder Kraftwerksanlagen.

Bei materiellen Produkten lässt sich der Wert anhand der verwendeten Materialien, der aufgewendeten Arbeitszeit, Reifezeiten, Handelsspannen etc. nachvollziehbar kalkulieren. Schwieriger ist es mit ideellen Werten, wie Kunstgegenständen und mit Dienstleistungen.

Wer verkaufen möchte, muss den Preis argumentieren und vertreten können. Was für Vollblutverkäufer kein Problem ist, stellt für Einzelunternehmer, Therapeuten oder Künstler eine größere Herausforderung dar. Nicht selten kommt es gerade in diesen Bereichen vor, dass die Kalkulationen nicht stimmen und die eigenen Preise schlecht vertreten werden. Daher ist es besonders hier wichtig, sich mit dem Wert des eigenen Angebots und dem damit verbundenen Preis gut auseinander zu setzen. Nur, wer vom Wert vollkommen überzeugt ist, kann ihn gut vertreten und geht nicht gleich bei der kleinsten Rabattforderung in die Knie.

Das ist allerdings oft leichter gesagt als getan. Gerade, wenn es um Dienstleistungen geht, hängt das Angebot stark mit der eigenen Person zusammen. Fehlt das nötige Selbstbewusstsein, fehlt meist auch die Basis, den eigenen Wert in einem Preis selbstbewusst zu vertreten. Setzen wir das Ganze in Bezug zum Resonanzprinzip bedeutet dies vereinfacht ausgedrückt: Wer nicht zu seinem Preis stehen kann, der wird Probleme haben, diesen durchzubringen oder sich ständig in Preis- und Wertdiskussionen wieder finden. Wer sich selbst keine Wertschätzung entgegenbringt, kann nicht erwarten, dass die Kunden dies tun. Das gilt auch für den Umgang mit Angeboten Anderer. Wer überdies dazu neigt, keinen angemessenen Preis für eine Ware oder Dienstleistung zu bezahlen, sollte sich nicht darüber wundern, wenn das in irgendeiner Weise zu ihm zurückkehrt.

Empfehlenswert ist hier neben einer fundierten Kalkulation das Bewusstmachen der eigenen Leistung und der Leistung Anderer. Damit wird langsam aber sicher eine gute Basis gelegt, den Preis für ein Angebot zu bekommen, der angemessen ist, ohne dies lange diskutieren zu müssen. Je höher die gebotene Qualität ist, umso wichtiger ist dieser Punkt. Und achten Sie darauf, dass Ihnen ein hohes ethisches Werteideal hier nicht im Weg steht. Sie sind Unternehmer und kein Samariter. Sie können gerne in Ihrer Freizeit ehrenamtlich tätig sein, doch wenn es um Ihr Unternehmen geht, sollten Sie unternehmerisch denken und handeln. Angst davor, dass Sie überzogene Preise haben, braucht man bei Unternehmern mit hohen Werteidealen meist sowieso nicht – im Gegenteil. Also, stehen Sie zu Ihrem Wert – jeden Tag ein bisschen mehr!

Gedanken zum Verkaufserfolg

„Das wird sowieso nichts“, schimpft Martin B. und sein Kollege Herbert H. pflichtet ihm bei: „Die Vorgaben sind viel zu hoch, das schafft doch keiner und außerdem haben die da oben doch keine Ahnung wie es hier unten zugeht.“

Unabhängig davon, ob die Vorgaben, die die beiden erhalten haben, realistisch sind oder nicht, wie hoch sind die Erfolgschancen, dass die beiden Herren sie erreichen werden? Sie ahnen es sicher: mit dieser negativen Einstellung sind sie auf jeden Fall stark gesunken. Das gilt vor allem, wenn diese negative Einstellung sich über einen längeren Zeitraum hinzieht und auch noch emotional stark besetzt ist. Und da die beiden sich gegenseitig zustimmen, könnte es noch schwieriger werden. Womit die Annahme von Herrn H., dass das einfach nicht zu schaffen ist, bereits bestätigt ist. So einfach ist das nun auch wieder nicht, das wissen Sie ja bereits. Wenn auch die Einstellung zur Sache ein sehr ausschlaggebender Punkt ist, so ist sie bei weitem nicht das einzige Kriterium.

Wie sieht es bei Ihnen aus? Glauben Sie an den Verkaufserfolg Ihres Angebots? Wenn nein, was lässt Sie zweifeln? Sind Ihre Erwartungen realistisch? Prüfen Sie in beide Richtungen, und korrigieren Sie Ihre Haltung, wo es notwendig ist.

Gedanken zum Verkaufsziel

Was denken Sie über Ihr Verkaufsziel und für wie wahrscheinlich halten Sie es, dass Sie es erreichen?

Sie merken schon, ich frage nicht danach, wie wahrscheinlich es **ist**, sondern für wie wahrscheinlich Sie etwas halten. Denn das ist der springende Punkt, wenn es darum geht, sich auf Ziele auszurichten. Verkaufsziele bilden da keine Ausnahme. Sie können sich an Zielen setzen, so viel Sie möchten, wenn Sie nicht daran glauben, dass sie möglich sind, müsste das Glück schon sehr nachhelfen, damit Sie erfolgreich sind. Ihre Verkaufsziele sollten sich an den Realitäten orientieren, aber Raum für mehr beinhalten. Achten Sie stets darauf, dass Sie für möglich halten, was Sie sich an Zielen setzen. Wenn Sie Ziele von Vorgesetzten vorgegeben bekommen, ist dies natürlich schwieriger. Sollten Sie merken, dass Sie Vorgaben für unrealistisch halten und keinerlei Einflussmöglichkeiten haben, schauen Sie genau hin: Handelt es sich um eine Begrenzung in Ihrem Denken oder sind die Vorgaben wirklich überzogen. Letzteres sollten Sie ansprechen, sofern dies möglich ist, oder die für Sie stimmigen Konsequenzen ziehen.

Viele Verkaufsziele werden aber auch deswegen nicht erreicht, weil sich Unternehmer zu wenig oder gar keine Gedanken darüber machen. Frei nach dem Motto: das wird schon irgendwie, und die Kunden werden schon kommen. Das ist dann eher eine Laisser-faire-Mentalität und hat weder mit einer fundierten Verkaufsstrategie, noch mit einer gezielten Ausrichtung etwas zu tun. Ohne klare Ausrichtung ist es schwierig, Resonanz aufzubauen. Das ist ungefähr so, als würde der Kapitän eines Schiffes befehlen, die Segel zu setzen und loszufahren, aber der Mannschaft nicht verraten, wo es hingehen soll. Damit weiß niemand, in welche Richtung es geht.

Gerade wenn es um Ziele geht, ist es für die meisten einfacher eine klare Richtung vor Augen zu haben, als sich dem Wind einfach nur anzuvertrauen und zu warten, in welchem (Kunden)Hafen man landet. Mögliche Verkaufsziele können sein:

- bestimmter Umsatz pro Monat
- Absatzmenge eines Produkts pro Quartal
- zehn neue Kunden innerhalb einer bestimmten Zeit
- Steigerung des Absatzes von Produkt x um 10 Prozent innerhalb von einem Jahr
- hohen Kundennutzen bieten, um weiterempfohlen zu werden

Verkaufsziele müssen nicht unbedingt anhand von Zahlen definiert werden. Auch weiche Faktoren können stimmig sein. Achten Sie darauf, dass es für Sie passt, aber bleiben Sie konkret, vor allem, wenn Sie die Ziele schriftlich festlegen, was zu Beginn empfehlenswert ist. Hilfreich ist auch, sich ein genaues Bild zum Ziel vorzustellen. Korrigieren Sie, wenn es notwendig ist und achten Sie auf Ihren Fokus und Ihre Einstellung zum

Ziel. Und denken Sie daran, nicht das Ziel selbst bestimmt den Erfolg, sondern dass, was Sie darüber denken und fühlen.

Die Kraft der Gefühle – Auswirkungen auf den Verkaufserfolg

> *„Wenn der Wille mit der Vorstellung in Widerstreit gerät, wenn man etwa denkt: ‚Ich will, dass dies oder jenes eintrete', so braucht nur die Vorstellungskraft einwenden: ‚Du willst es wohl, aber es wird doch nicht geschehen' und man wird nicht nur das Erstrebte nicht erlangen, sondern es tritt das genaue Gegenteil ein."*[9]

In diesem einen Satz steht in einfacher Form beschrieben, warum Menschen ihre Ziele nicht erreichen, auch wenn sie ihren Willen noch so stark darauf ausrichten. Die Gefühle (= Vorstellungskraft) wirken stärker als die Gedanken (= Wille). Das ist die Ebene, die auch beim Resonanzprinzip die wichtigste Geige spielt. Gleichzeitig ist es eine Ebene, die den meisten Menschen noch verschlossen ist. Die wenigsten machen sich Gedanken um ihre inneren Gefühle und deren Auswirkungen auf ihr Leben und wundern sich, warum manche Dinge im Leben nicht funktionieren. Die Prinzipien der Resonanz gelten ja für alle Lebensbereiche. Bezogen auf das Verkaufen bedeutet obiges Zitat, dass man noch so fest ein Ziel in Form einer gewünschten Umsatzgröße formulieren kann. Es wird einem nicht gelingen, es zu erreichen, wenn die Gefühle „andere Ziele formulieren". Diese anderen Ziele drücken sich meist in unbewussten oder nur zum Teil bewussten Glaubenssätzen aus. So kann es sein, dass man aufgrund irgendeiner Erfahrung in seiner Kindheit, in einem selbst den Glaubenssatz abgespeichert hat, dass es einem nicht zusteht, viel zu besitzen, oder

---

[9] Emile Coué (Begründer der Autosuggestion)

erfolgreich zu sein oder dass man auf keinen Fall erfolgreicher als sein Vater werden darf. Auch die gesamte Palette der Ängste, die im ersten Kapitel aufgeführt ist, fällt in diese Kategorie. Da hilft das beste Wollen nach viel Umsatz nichts. Da hilft es auch nichts, Visionen zu kreieren und schriftlich festzuhalten. Solange Glaubenssätze vorhanden sind, die eine andere Botschaft senden, wirken sie wie Barrieren und es sind maximal Teilerfolge zu erzielen. Schauen Sie sich dazu ruhig Ihren eigenen Erfolg an. Wie sieht es aus mit Ihrer Zielerreichung? Oder wie sieht es aus mit Ihren Umsatzzahlen? Haben Sie Ihre Ziele immer erreicht? Und wenn nein, warum nicht?

Oh, wegen der Krise? Nein, kommen Sie jetzt bitte nicht damit, dass der Markt schlecht ist, die Konkurrenz groß und überhaupt hatten Sie tausend andere Sachen zu tun, ganz abgesehen davon, dass das Wetter so schlecht war ... Solange Ihre Gefühlswelt gegen Sie arbeitet, wird Ihr Markt nie ganz gut sein ... Das, was in Ihnen ist, das tragen Sie nach draußen, und es kehrt als Reaktion wieder zu Ihnen zurück. Solange Sie daran glauben, dass es Ihnen nicht zusteht, Ihre Ziele zu erreichen, hilft es Ihnen gar nichts, wenn Sie Ziele erneut definieren, erneut aufschreiben, klarer formulieren oder Vision Boards erstellen. Wenn das Gefühl stärker ist als der Gedanke, nutzt es nicht sehr viel, sich nur auf das Denken zu konzentrieren. Trotzdem tun wir meist genau das. Wir versuchen unsere Probleme damit zu lösen, dass wir unsere Denkanstrengung erhöhen. Das ist eine der typischen Reaktionen unseres leistungsorientierten Denkens. „Streng Dich einfach mehr an, dann wird es schon klappen". „Man muss es doch nur wirklich *wollen*". „Hurra, ich kann alles, was ich will", „Sieh einfach Dein Ziel vor Augen, und sei optimistisch".

Gehen Sie in die nächste Buchhandlung und fragen Sie einmal nach Büchern zum Thema „Positives Denken" – Sie werden eine so große Auswahl präsentiert bekommen, die Ihnen genau solche Sprüche liefert, dass Ihnen die Auslese schwer fallen wird. Die Frage ist berechtigt, warum bei so einer Fülle von Ratgebern so wenig Menschen tatsächlich erfolgreich sind, bzw. ihre Ziele erreichen. Der Grund liegt darin, dass die Gedanken nicht das Ausschlaggebende sind und daher rein positives *Denken* zwar nette Ansätze liefert, aber keine echte Lösung.

Bezogen auf die Angst vor dem Verkaufen bedeutet das, dass man solange keinen vollen Erfolg haben wird, solange dies nicht in der eigenen Gefühlswelt verankert ist. Mit dem Willen kann man zwar viele äußere Taten beeinflussen, aber man kann die Wirkung seiner Gefühlswelt nicht einfach außer Kraft setzen. Jeder kennt das: Gefühle können einen (oft im ungünstigsten Augenblick) überrollen, egal, ob man das will oder nicht. Gefühle wirken stärker und setzen die Willenskraft schachmatt.

Solange die Gefühlswelt außer Acht gelassen wird, ist es nicht möglich die Ausrichtung so zu ändern, dass sich langfristiger Erfolg einstellt. Es ist auch nicht möglich, Ziele zu erreichen, die das eigene Glaubenssystem boykottiert. Die Gefühle müssen Raum bekommen und Beachtung finden – in irgendeiner Form. Wird in der Gefühlswelt für Ordnung gesorgt, fallen so manche Hindernisse von selbst weg und auf einmal klappt es mit dem Erreichen der Ziele. Ziehen Gedanken und Gefühle am selben Strang, wird es einfach(er).

Natürlich ist die Realität komplexer. Das Resonanzprinzip wirkt nicht linear, sondern multifunktional auf mehreren Ebenen gleichzeitig. Wir senden zur gleichen Zeit sehr viele verschiedene Signale, Gedanken wie Gefühle. Daher ist es auch schwierig, allgemeingültige Ratschläge zu geben. Es ist wichtig die individuelle Situation zu beleuchten. Auch wenn es grundsätzliche Prinzipien gibt, so ist jede Person anders in ihren Befindlichkeiten, Gedanken, Handlungsmotivationen und der Art und Weise, wie sie an Probleme herangeht. Jeder muss für sich selbst herausfinden, welche Gefühle wirken und wie die eigene „Struktur" ist, um bewusst mit dem Resonanzprinzip arbeiten zu können.

Kundenbestellung einmal anders

Wenn der Kunde bestellt, ist das eine Kundenbestellung. Aber kann man auch Kunden bestellen? Gehen wir konsequent mit dem Prinzip der Resonanz um, kann es nur eine einzige Antwort auf diese Frage geben: Ja. Bleibt die Frage nach dem „Wie?“. Anhand des Resonanzprinzips stehen dabei die bereits genannten zwei Wege zur Verfügung:

- zielgerichtete mentale Ausrichtung und Nutzen der Vorstellungskraft
- Vertrauen darauf, dass die richtigen Kunden kommen werden und Schaffung des positiven Umfelds hierzu

Beginnen wir mit Letzterem. Wenn man konsequent diesen Weg geht, dann vertraut man darauf, dass die richtigen Kunden zu einem finden werden. Wie bereits erwähnt, ist es wichtig, präsent und aktiv zu sein. Die wesentlichen Elemente sind jedoch eine starke positive Ausrichtung und ein hohes Maß an Wohlfühlen. Es wird alles getan um auf einer guten Schwingungsebene zu sein. Verstärken kann man das Ganze noch mit der bewussten Vorstellung, dass man sich auf der „Wunschkundenebene“ befindet und mit einem starken Gefühl von Dankbarkeit.

Der andere Weg nutzt die Vorstellungskraft. Dazu muss man sich erst einmal im Klaren sein, wer die Wunschkunden sind. Viele machen hier den Fehler, den Wunschkunden nach dem Umsatz zu definieren, bzw. nach einer hohen Rentabilität. Der beste Kunde ist nicht unbedingt der mit der dicksten Brieftasche. Machen Sie sich wirklich intensiv Gedanken, was Ihren Wunschkunden auszeichnet. Bei näherer Betrachtung werden Sie schnell merken, dass ganz andere Faktoren wichtig sind. Natürlich muss er eine gewisse Zahlungskraft haben, aber das sollte niemals das Hauptkriterium sein. Besser ist es, darauf zu achten, welche Probleme man mit dem eigenen Angebot löst, und für wen es gedacht ist.

Schreiben Sie die Kriterien auf, malen Sie sie oder stellen Sie sich diese möglichst bildhaft vor. Versuchen Sie ein Gefühl dafür zu bekommen, wie es ist, wenn diese Kunden Ihnen begegnen und bei Ihnen kaufen. Legen Sie alle Details fest, die wichtig sind oder formulieren Sie es folgendermaßen: „Der Kunde, der zum jetzigen Zeitpunkt optimal zu mir passt." Vergegenwärtigen Sie sich immer wieder das Bild dieses Kunden und das Gefühl, das er auslöst. Sie können dafür Zeiten nutzen, in denen Sie unterwegs sind, egal ob im Auto oder Zug. Glauben Sie an das, was Sie tun und lassen Sie keinen Zweifel zu, auch wenn Ihnen das Ganze noch etwas komisch erscheint. Als Verstärker können Sie sich jeden Tag bei Ihrem individuellen Bestellservice bedanken, dass er Ihren Wunschkunden gebracht hat. Das beschleunigt die Sache.

Um zu sehen, ob das funktioniert, habe ich es selbst ausprobiert: Ich hatte noch Kapazitäten frei und habe mir Gedanken gemacht, wie ich diese ausfüllen wollte. Da ich zu dieser Zeit nur zwei längerfristige Telefonprojekte hatte und alles andere eher kurzfristige Aufträge waren, überlegte ich mir, dass es sinnvoll sei, noch ein kleines Telefonprojekt hinzuzunehmen, das mindestens ein paar Monate dauern sollte. Wie sollte ich dabei vorgehen? Ich hatte nicht das Gefühl, dass Netzwerken in diesem Fall der richtige Weg war. Dafür hatte ich große Lust, einmal auszuprobieren, ob ich mir nicht ganz konkret einen Kunden bestellen könnte. Also habe ich mich hingesetzt, es mir gemütlich gemacht und habe versucht zu fühlen, wie dieser Auftrag bzw. der Kunde sein müsste. Ich hatte sehr schnell die wichtigsten Kriterien bei der Hand. Ich wollte ein kleines Projekt, mit einem Kunden, der meine Arbeit zu schätzen weiß, am liebsten in der Dienstleistungsbranche. Der Kunde sollte, was die Ansichten über das Verkaufen angeht, mit mir auf einer Wellenlänge sein, und sich möglichst bald melden. Ich habe diese Dinge nicht aufgeschrieben, sondern sie mir nur ein einziges Mal mit festem Glauben und Fühlen vorgestellt und dann nur noch sporadisch daran gedacht. Das betone ich deswegen, weil viele glauben, dass man Wünsche immer schriftlich festhalten muss. Es dauerte insgesamt zehn Tage bis das Telefon klingelte und sich ein sehr sympathischer Herr meldete. Ein Einzelunternehmer, der im Bereich Training in großen Konzernen arbeitete und jemanden suchte, der regelmäßig Telefonakquise für ihn macht, aber eher in einem kleinen Rahmen. Da er ausgelastet war, wollte er für spätere Zeiten etwas vorsorgen. Wir wurden sofort handelseinig und trafen uns zur Projektbesprechung. Lange Rede, kurzer Sinn: Er hatte die gleichen Ansichten über die Akquise wie ich, der Preis wurde kein einziges Mal diskutiert und das Projekt dauerte ca. ein halbes Jahr. Es entsprach in allem dem, was ich mir vorgestellt hatte. In der Folge habe ich das immer wieder ausprobiert, um an mir selbst zu testen, wie gut das Resonanzprinzip wirkt. Es hat jedes Mal gleichermaßen funktioniert, egal welche Art von Kunden ich haben wollte. So hatte ich z.B. im Februar 2009 einen finanziellen Engpass, weil ein Kunde aufgrund der Finanzkrise das Auftragsvolumen stark reduziert hatte. Ich habe mich daraufhin so ausgerichtet, dass ich noch im Februar zwei Aufträge haben wollte, die den Ausfall auffangen. Innerhalb von drei Tagen hatte ich zwei Schulungsaufträge, eine Inhouse-Schulung bei einem kleinen Unternehmen und den anderen über eine Anfrage eines Trainingsinstituts, wo der Kunde ganz schnell seine Mitarbeiter zum Thema Akquise schulen lassen wollte. Diese beiden Aufträge haben den Verlust mehr als aufgefangen und mir gezeigt, dass es bei der richtigen Ausrichtung keinen Grund gibt, Angst davor zu haben, dass Aufträge wegbrechen oder nicht zustande kommen.

Bei all der guten Erfahrung mit der Zielfokussierung, bevorzuge ich dennoch die Methode des Vertrauens. Ich persönlich glaube an eine höhere Macht, die genau weiß, was für mich am besten ist. Ich bin überzeugt, dass ich in meinem kleingeistigen Denken manchmal noch zu wenig weitsichtig bin und auch geneigt, mir aus kurzfristigen Motiven das Falsche zu kreieren. Daher gehe ich am liebsten so vor, dass ich alles tue, um bestens gelaunt zu sein und achte darauf, dass ich einen hohen Nutzen biete und mein Handeln von einer dienenden Haltung geprägt ist.

Es ist immer ganz spannend zu sehen, welche Kunden gerade auf mich zukommen und wie schön es ist, mit ihnen zusammenzuarbeiten und an den Aufgaben, die sie mir stellen, zu wachsen. Ich liebe es auch zu sehen, in welche Richtung es gerade gehen soll und lasse mich gerne von oben führen. Allerdings weiß ich auch, dass das nicht jedermanns Sache ist. Vor allem für Menschen mit einem klaren Karriereziel und -plan ist diese Vorgehensweise eine große Herausforderung. Sie erfordert den Mut, eigene Pläne zurückzustellen oder aufzugeben um einem höheren Plan zu folgen. Das ist nicht einfach, wenn der eigene Plan sicherer erscheint und verlockender ist, als diverse „Impulse von oben".

Wenn Sie Ihre Kunden bestellen möchten, probieren Sie einfach selbst aus, welche Methode Ihnen mehr liegt, bzw. in welchem „Mischverhältnis" Sie vorgehen wollen. Wie bereits erwähnt, schließt das eine das andere nicht aus.

Strategie

Öffne der Veränderung deine Arme,
aber verliere dabei deine Werte nicht aus den Augen.

Tanchu Dhondup, XIV. Dalai Lama, geb. 1935

Das Geheimnis auch der großen und umwälzenden Aktionen besteht darin, den kleinen Schritt herauszufinden, der zugleich auch ein strategischer Schritt ist, indem er weitere Schritte einer besseren Wirklichkeit nach sich zieht.

Gustav Heinemann, dt. Politiker und Bundespräsident, 1899-1976

Angst, Ethik und Resonanz – um diese drei Schwerpunkte ging es in den vorherigen Kapiteln. So sehr jeder Aspekt für sich alleine steht, so sehr gehören sie auch wieder zusammen und sind eng verwoben. Dies gilt insbesondere dann, wenn es darum geht, die Erkenntnisse, die man aus der Befassung mit diesen Themen zieht, in eine Verkaufsstrategie einzubeziehen. Diese Strategie baut im Gegensatz zu klassischen Verkaufsansätzen vor allem auf die eigene Persönlichkeit – und zwar nicht im Sinne von reiner Präsentation und rhetorischer Finesse, sondern in dem Sinn, dass die Arbeit an der eigenen Persönlichkeit ein wichtiges Kriterium für den Verkaufserfolg ist. Methodisches Vorgehen ist für den Verkaufserfolg zwar ebenfalls von großer Bedeutung, aber alleine nicht ausschlaggebend, vor allem dann nicht, wenn man werteorientiert handeln möchte und sich die Gesetze des Resonanzprinzips professionell zu Nutze macht. Das soll jedoch nicht bedeuten, dass man völlig planlos in den Verkaufsprozess gehen sollte. Verkaufen ist eine komplexe Sache, und da ist es sehr hilfreich, sich auch über Methode und Strategie Gedanken zu machen. Deswegen finden Sie auf den nachfolgenden Seiten Impulse für beides: Persönlichkeit und Methodik, darunter einige, die meist wenig Beachtung finden. Ihre Bedeutung für nachhaltigen Erfolg sollte jedoch nicht unterschätzt werden.

Persönlichkeit im Fokus

Ethisches Handeln entspringt einer Grundhaltung, die man nicht einfach auf Knopfdruck erlernen oder befehlen kann. Es braucht ebenso den Wunsch, nach hohen Wertemaßstäben handeln zu wollen, wie die Bereitschaft an sich zu arbeiten und sich weiter zu entwickeln. Einer Person, die selbstbewusst, souverän und authentisch ist, fällt ethisches Handeln leichter als jemandem, der von Angst und Unsicherheit geprägt ist. Wer im Leben oder beim Verkaufen Ethik mehr berücksichtigen möchte, kommt daher nicht umhin, in den eigenen Spiegel zu schauen und an sich zu arbeiten. Die Grundlage dafür bildet ein gesundes Selbstbewusstsein. Auf dieser Basis kann eine immer größere Sicherheit wachsen, die einem hilft, souverän mit Ängsten umzugehen. Die nachfolgenden Punkte lassen sich nicht nur für das Verkaufen anwenden, sie sind allgemein hilfreich, wenn man an sich arbeiten möchte. Es sind die weichen Faktoren und teilweise die kleinen Dinge, die die Grundlage für ganzheitlichen Erfolg bilden. Je mehr Ihr Angebot mit Ihnen als Person verknüpft ist, umso mehr Bedeutung haben diese. Auch wenn manche der nachfolgenden Empfehlungen banal und sehr einfach sind, unterschätzen Sie nicht die Wirkung, die sie entfalten können, wenn sie ernst genommen und regelmäßig angewendet werden.

Selbstbewusst(er) werden

Echtes Selbstbewusstsein ist vor allem dadurch geprägt, dass man sich seiner selbst zumindest ein Stück weit bewusst geworden ist. Das bedeutet, dass man eine gesunde Einschätzung davon hat, was man sich zutrauen kann und was nicht. Echtes Selbstbewusstsein hat nichts mit Dominanz zu tun. Eine Person, die sich ihrer selbst wirklich bewusst ist, stellt sich nicht über andere, sondern neben sie. Echtes Selbstbewusstsein kommt von Innen heraus und lässt sich Schritt für Schritt entwickeln. Ein wesentlicher Faktor hierzu ist die Konzentration auf die eigenen Stärken. Daher definiere ich Selbstbewusstsein wie folgt:

> *„Selbstbewusst ist, wer seine Stärken kennt und dazu stehen kann, ohne eitel zu werden und sich für etwas Besonderes zu halten, und wer seine Schwächen kennt und dazu stehen kann, ohne sich dafür schlecht zu fühlen und ohne den Drang sich für diese rechtfertigen zu müssen."*

Um dies zu können, ist es wichtig, sich selbst kennenzulernen und zu achten. Dabei ist es ganz wichtig, nicht an Dingen „herumzudoktern", mit denen man selbst unzufrieden ist, sprich sich auf das zu konzentrieren, was man nicht kann. Im Sinne des Resonanzprinzips ist ein Fokus auf die Schwächen kontraproduktiv. Denn das, worauf die Aufmerksamkeit liegt, das wächst. Indem man die Aufmerksamkeit darauf legt, etwas, was man schlecht kann, zu verbessern, läuft man Gefahr sich zu sehr darin zu verlieren. Damit sinkt die Motivation und automatisch der Selbstwert. Denn wie soll man ein gutes Gefühl für sich entwickeln, wenn man sich ständig mit dem beschäftigt, was man nicht kann oder nicht ist. Ich betone das deswegen hier so, weil das eine sehr gängige Vorgehensweise in unserer Gesellschaft ist, vor allem auch in der Wirtschaft: wir decken Fehler auf und versuchen, Schlechtes besser zu machen.

Viel sinnvoller ist es jedoch, das zum Vorschein zu bringen, was echtes Potenzial birgt: die eigenen Stärken. Wenn Sie sich auf das konzentrieren, was Sie gut können und danach trachten, immer besser zu werden, ist das nicht nur motivierender, Sie haben automatisch auch mehr Kraft um Ihre Schattenseiten anzusehen. Es geht hier nicht darum, diese zu negieren, keineswegs, es ist nur eine Frage der Aufmerksamkeit. Und wenn es darum geht, mehr Selbstbewusstsein zu entwickeln ist es wichtig darauf zu achten, dass diese auf den positiven Dingen liegt. Denn, wie gesagt, das, worauf die Aufmerksamkeit liegt, das wächst.

Jetzt ist es allerdings so, dass die meisten Menschen, vor allem, wenn sie noch nicht selbstbewusst sind, ihre Stärken gar nicht richtig kennen oder unsicher sind, ob das, was sie meinen, tatsächlich eine Stärke ist. Oft empfinden sie Dinge, die sie gut können, als selbstverständlich und stufen sie nicht als etwas Besonderes ein. Bei den meisten Frauen kommt noch hinzu, dass sie gelernt haben, bescheiden zu sein und nicht mit den Dingen, die sie können, zu „prahlen". Damit gerät man in ein Dilemma, vor allem als Verkäufer. Denn um ein Angebot gut auf dem Markt zu platzieren, ist es hilfreich, seine Stärken zu betonen und diese auch klar zu mitzuteilen.

Um zu wissen, wo Sie selbst in Bezug auf Ihr Stärkenbewusstsein stehen, können Sie folgenden Test machen. Nehmen Sie zwei DIN A4 Blätter und schreiben Sie innerhalb von sechs Minuten auf das eine Blatt alle Stärken, Fähigkeiten und positiven Charaktereigenschaften auf, die Ihnen zu sich einfallen. Auf das andere Blatt schreiben Sie, was Sie weniger gut können und wo Ihre Schwächen sind. Danach zählen Sie, wie viele Punkte auf den beiden Blättern stehen. Haben Sie mehr Stärken oder mehr Schwächen aufgeschrieben? Das gibt Ihnen eine erste Einschätzung, wo Ihre Aufmerksamkeit liegt. Sollten zudem weniger als zwanzig Stärken auf dem Zettel stehen, ist das ein Zeichen, dass Ihnen viele Ihrer Stärken noch nicht bewusst sind, selbst dann, wenn Sie mehr Stärken als Schwächen aufgeschrieben haben.

In meinen Selbstbewusstseinstrainings empfehle ich in diesem Fall, die Übung zu wiederholen, allerdings nur mit einem einzigen Blatt – dem Stärkenblatt – in der halben Zeit, und zwar jeden Tag aufs Neue. Das heißt, Sie hören diese Übung erst auf, wenn Sie in drei Minuten mehr als zwanzig positive Dinge aufgeschrieben haben. Die Zeit ist dabei wichtig. Es geht darum, dass Sie sich Ihre Stärken ins Bewusstsein holen und ein positives Selbstbild schaffen. Da Sie wesentlich mehr als zwanzig Stärken haben, sollte das nach einigen Wochen Übung kein Problem mehr sein. Falls Sie jedoch merken, dass Sie sich im Kreis drehen und Ihnen einfach nicht mehr einfällt, empfehle ich Ihnen gute Freunde, Ihren Partner und andere Ihnen wohlgesonnene Personen zu befragen, was diese an Ihnen schätzen und was sie für Ihre positiven Eigenschaften halten. Wichtig ist dabei, diesen Personen auch dann Glauben zu schenken, wenn Sie mit dem Genannten erst einmal wenig anfangen können. Bedanken Sie sich und schauen Sie objektiv hin: meist stimmt es, was andere Personen über Sie sagen. Fangen Sie ruhig an, sich mit Stärken, die Ihnen nicht bewusst waren, anzufreunden. Sie werden staunen, wie viel positiven Schwung Ihnen das bringen kann.

Den eigenen Wert (an)erkennen

In unserer Leistungsgesellschaft messen wir unseren eigenen Wert meist an dem, was wir an Leistung erbringen. Spätestens mit dem Eintritt in die Schule hat man uns das beigebracht. Dabei ist es enorm wichtig, sich nicht darüber zu definieren, was man tut und leistet, sondern auch darüber, was man ist. Solange man leistungsfähig und erfolgreich ist, merkt man oft nicht, dass der Selbstwert auf schlechtem Grund gebaut ist. Es wäre schade, wenn ein Leistungsabfall oder eine Krankheit einen dazu zwingt, dies zu erkennen.

Machen Sie sich immer wieder klar, dass Sie eine einzigartige Persönlichkeit sind. Wichtig ist, dies nicht nur mental zu tun, sondern ein Gefühl für Ihren Wert zu bekommen. **Spüren** Sie Ihre Einzigartigkeit. Kein Mensch ist genauso wie Sie. Allein das macht Sie schon wertvoll, und nicht erst das, was Sie zu leisten im Stande sind. Natürlich hilft es Ihnen für das Erkennen des eigenen Wertes, Ihre Stärken zu kennen. Aber Sie als Person sind wesentlich mehr. Sie sind unglaublich wertvoll, denken Sie immer daran. Sie als Person sind wertvoll, unabhängig davon, ob die Dinge gerade gut oder weniger gut laufen und unabhängig davon, was Sie gerade leisten.

Positive Ausrichtung üben

Ist das Glas halb voll oder halb leer? Auch hier stellt sich die Frage, wo Ihre Aufmerksamkeit liegt. Je positiver die eigene Einstellung, desto größer ist die Wahrscheinlichkeit, dass Vorhaben gelingen, bzw. ist es für Personen mit einer positiven Grundeinstellung einfacher mit Rückschlägen umzugehen. Versuchen Sie daher stets, das Gute in allem zu sehen, auch wenn es im ersten Augenblick wenig offensichtlich ist. Krisen und Schwierigkeiten im Leben bergen oft ein großes Potenzial in sich, weil sie dabei helfen, wichtige Lektionen im Leben zu lernen, aus denen man gestärkt hervorgeht.

Hilfreich für den Erwerb einer immer positiveren Denkweise, ist die Anwendung von Affirmationen. Das sind positive kurze Sätze, die man regelmäßig wiederholt. Wichtig ist hierbei, dies nicht papageienartig zu tun, sondern das, was man sagt, in sich wirken zu lassen und ein Gefühl dafür zu entwickeln, was die Affirmation bedeutet. Eine besonders starke Wirkung haben Sätze, die mit „ich bin" beginnen. Achten Sie in diesem Zusammenhang auch darauf, welche negativen Aussagen Sie mit „ich bin" tätigen.

Eine positive Ausrichtung zu haben, bedeutet jedoch nicht, über Erlebnisse, die einem wehtun, einfach hinwegzugehen, frei nach dem Motto: „Hurra, alles ist ganz toll in meinem Leben und mir kann nichts und niemand etwas anhaben." Es ist wenig hilfreich, sich von seinen Gefühlen einfach abzunabeln und sich einzureden, dass alles supergut ist. Das gilt insbesondere für schwere Schicksalsschläge, aber auch dann, wenn man völlig frustriert ist, weil man heute schon die zwanzigste Absage kassiert hat. Es ist wichtig, Schmerz zuzulassen, damit er verarbeitet werden kann. Mit einer positiven Grundeinstellung kommt man aber schneller und mit der Zeit immer besser aus solchen Krisen heraus und bleibt handlungsfähig.

Still werden

Die Kraft der Stille wird in unserer hektischen Zeit oft unterschätzt. Vor allem im Verkaufsprozess, wo man doch möglichst schnell möglichst viel erreichen möchte, erscheint es absurd, innezuhalten und still zu werden. Aktionismus mag zwar das Gewissen beruhigen, indem man sich sagen kann, dass man ganz viel getan hat. Aber wer es schafft, aus der Stille heraus zu agieren, ist meist konzentrierter und effektiver. Allerdings ist es gar nicht so einfach, das zu lernen. Die meisten Menschen werden unruhig, wenn es auch nur eine Minute still ist und sie nur mit sich selbst konfrontiert werden. Das sind die wenigsten gewohnt. Um nicht gleich überfordert zu werden, ist es daher sinnvoller, kurze Momente der Stille einzulegen, anstatt zu versuchen, eine Stunde lang still zu sein.

Dies kann in verschiedener Form geschehen: bewusstes Atmen, Spazieren gehen und die Umgebung intensiv wahrnehmen, Gänseblümchen fokussieren, in den Himmel schauen, hinsetzen und einfach nur lauschen oder täglich kurz meditieren. Wem reine Stille zuviel ist, der kann es mit Musik versuchen, am besten Meditations-, Entspannungs- oder klassische Musik, nichts Aufwühlendes. Aber sie darf gerne kraftvoll und erhebend sein. Auch das hat eine entspannende Wirkung.

Egal, welche Form Sie wählen, um still zu werden, tun Sie es regelmäßig. Täglich zehn Minuten bringen mehr als am Wochenende einmal eine Stunde. Das Ergebnis wird sich nach einigen Tagen, Wochen oder Monaten entfalten, meist in der Form, dass man ausgeglichener und ruhiger ist. Das hilft, besonnener und gleichzeitig effektiver zu handeln. Außerdem ist es eine gute Basis für eine heitere Grundstimmung und eine positive Haltung zu sich selbst. Sollten Sie nur einen einzigen meiner Tipps hier befolgen wollen, dann empfehle ich Ihnen, die Stille in Ihr Leben zu bringen. Es gibt kaum etwas, was Ihnen mehr helfen kann.

Wohlfühlstrategie erarbeiten

Noch viel wichtiger als eine mentale positive Ausrichtung ist es, ein gutes Gefühl zu haben, mit dem, was man ist und auch mit dem, was man tut. Gefühle wirken stets stärker als Gedanken. Das habe ich bereits im letzten Kapitel betont. Gefühle zu beeinflussen, ist jedoch ein Stück weit schwieriger, da vieles unbewusst abläuft und man oft blitzschnell auf bestimmte Situationen reagiert, ohne in der Lage zu sein, dies steuern zu können. Man könnte natürlich jetzt hergehen und genauestens analysieren, welche Gefühle wann hochkommen und dann versuchen, sich neue Verhaltensmuster zuzulegen. Das ist allerdings nicht nur mühsam und zeitaufwendig, sondern auch kontraproduktiv. Es birgt die Gefahr, sich zu sehr mit negativen Gefühlen zu beschäftigen. Das bringt normalerweise keine guten Gefühle zum Vorschein, sondern erzeugt negative Resonanz. Es ist genauso wie mit den Schwächen und Stärken. Wer positive Gefühle entwickeln möchte, sollte den negativen keine Aufmerksamkeit schenken. Das hat nichts damit zu tun, diese zu negieren. Aber es ist viel effizienter, das Positive zu verstärken und daraus Kraft zu schöpfen. In Bezug auf Gefühle empfehle ich eine so genannte Wohlfühlstrategie. Dazu müssen Sie herausfinden, womit Sie sich so richtig wohl fühlen – nicht nur ein bisschen, sondern ganz und gar. Welche Dinge erzeugen Zufriedenheit und gute Gefühle in Ihnen?

- ein entspanntes Bad?
- ein romantisches Abendessen?
- eine Wanderung in den Bergen?
- ein gelungenes Projekt?
- das Lachen eines Kindes?
- ein gutes Buch?
- eine schöne Postkarte?
- die Erinnerung an einen schönen Urlaub?

- ein Sieg Ihrer Fußballmannschaft?
- ein anregendes Gespräch?
- … ?

Finden Sie es für sich heraus und achten Sie darauf, dass Wohlfühlen einen festen Platz in Ihrem Leben bekommt. Anhand der Beispiele können Sie sehen, dass das nicht unbedingt große Dinge sein müssen.

Zu oft geben sich Menschen mit dem Alltagstrott zufrieden und vergessen, dass es wichtig ist, darauf zu achten, glücklich zu sein. Auch wenn das jetzt sehr philosophisch klingt, letztlich sind wir nicht auf dieser Welt, um todernst und voller Anstrengung unser Dasein abzuarbeiten bis wir nicht mehr können. Nein, wir dürfen das Leben in vollen Zügen genießen, und dazu braucht es oft gar nicht viel. Sie werden schnell merken, dass Wohlfühlen selten mit viel Geld verbunden ist und es sich daher jeder leisten kann. Sie müssen es sich nur erlauben, bzw. einfach tun – auch und gerade, wenn der Terminkalender schon randvoll ist.

Freude haben

Wer mit Begeisterung an eine Sache herangeht, dem ist nicht notwendigerweise sofortiger Erfolg beschienen. Aber er schafft die besten Voraussetzungen, sich von Rückschlägen nicht ins Boxhorn jagen zu lassen. Dinge mit Freude zu tun, kann eine Grundhaltung im Leben werden, egal, welcher Tätigkeit man sich gerade widmet. Damit geht die Arbeit leichter von der Hand, und unangenehme Dinge lassen sich schneller erledigen. Natürlich ist es immer leichter, wenn die Freude automatisch von innen heraus kommt, und man sie nicht erst „produzieren“ muss. Daher ist es hilfreich, wenn man nicht einfach nur einen Job erledigt, sondern für seine Sache brennt. Wenn Arbeit nicht nur dem Geld verdienen dient, sondern allein das Tun einen erfüllt, kommt die Freude von selbst. Es wird viel über den Unterschied von Beruf und Berufung geredet. In Punkto Freude sieht man es den Menschen an, wenn sie ihre Berufung gefunden haben. Wer mit Begeisterung und Freude bei der Sache ist, dem fällt es automatisch leichter, sich für sein Angebot einzusetzen. Das ist insbesondere in der Startphase hilfreich, wenn es um den Geschäftsaufbau geht. Wer selbst begeistert ist, kann auch seine Kunden leichter überzeugen. Wenn Sie über Ihre Arbeit oder Ihr Angebot sprechen – leuchten dann Ihre Augen vor Begeisterung? Sind Sie Feuer und Flamme für das, was Sie verkaufen? Wenn ja, haben Sie es auf jeden Fall leichter als jemand, der „nur“ sein Geld verdienen möchte.

Notfallplan parat haben

Die bisherigen Punkte sind eher „Langzeitstrategien“ und brauchen etwas Zeit, um ihre Wirkung zu entfalten. Es ist jedoch ebenfalls wichtig, etwas an der Hand zu haben, mit dem man sich aus negativen Situationen, Frustphasen oder Grübelfallen schnell wieder herausholen kann, um nicht darin stecken zu bleiben und noch mehr behindert zu werden. Um sich selbst daran zu erinnern, bzw. in so einer Situation dann auch zu wissen, was man tun kann, empfehle ich Ihnen, einige Punkte auf einem Blatt zu notieren und dieses stets griffbereit zu haben, quasi als permanente Erinnerung. Hier ein paar Ideen, was darauf stehen könnte:

- tief durchatmen und bis 20 zählen
- Augen schließen und sich vergegenwärtigen, wie einzigartig man selbst ist
- dem Frust kurz Luft machen, indem man aufschreit
- eine gute Freundin anrufen und sie bitten, etwas Nettes zu erzählen oder einen zum Lachen zu bringen
- eine Praline auf der Zunge zergehen lassen
- innehalten und sich vergegenwärtigen, wie man diese Situation in 20 Jahren rückblickend betrachten würde

- tief durchatmen und unbeirrt weitermachen
- ...

Geben

„Geben ist seliger als Nehmen“. Ich weiß nicht, ob dieser Spruch schon in der Bibel stand, jedenfalls ist er sicherlich nicht nur mir sehr geläufig. Aber wie sieht es aus mit dem Geben in der Welt. Sind die meisten Menschen nicht eher fixiert darauf, etwas haben zu wollen – also zu nehmen? Der eigene Vorteil rückt oft schnell in den Mittelpunkt und vergessen ist, dass andere auch ein Anrecht auf ein großes Stück Kuchen haben könnten. Die Fokussierung auf das Nehmen kann im Sinne der „Self-fulfilling-prophecy“ sehr unangenehme Folgen haben. Wer immer nur haben möchte, der sollte sich nicht wundern, wenn er ständig zu wenig hat und andere nur von ihm nehmen möchten. Das Problem in diesem Fall ist eine mehr oder weniger stark ausgeprägte Gier, wenn auch oft sehr unbewusst. Aber auch mangelnde Wertschätzung für andere kann sich darin äußern, dass man mehr auf Nehmen als auf Geben fixiert ist. Die sogenannte „Geiz-ist-geil-Mentalität“ ist ein Beispiel dafür, mit vielen Ausprägungen. Das muss sich nicht immer auf Geld beziehen. Man kann Wertschätzung auf vielfältige Art und Weise zeigen. Wenn Sie in Ihrem Leben viel erreichen möchten, dann geben Sie erst einmal viel, soviel wie Sie können. Das kann in unterschiedlicher Form geschehen:

- Sie möchten Freundlichkeit ernten? Seien Sie freundlich zu jedem, der Ihnen begegnet
- Sie möchten gut behandelt werden? Behandeln Sie andere gut
- Sie möchten erfolgreich sein? Unterstützen Sie andere in Ihrem Erfolg und gönnen Sie es jedem, erfolgreich zu sein
- Sie möchten viel verkaufen? Bieten Sie Ihren Kunden einen richtig guten Nutzen

- Sie möchten nicht hintergangen werden? Seien Sie ehrlich in Ihren Handlungen
- Sie möchten Anerkennung? Schätzen Sie die Arbeit und die Leistung anderer

Achten Sie jedoch darauf, dass Sie nicht berechnend sind. Wer sofort eine Gegenleistung erwartet, wenn er etwas gibt, hat nicht wirklich verstanden, was echtes Geben bedeutet. Wer es hingegen schafft, ohne oder mit wenig Erwartung zu geben, wird schnell die Erfahrung machen, dass es sich lohnt, so wie es im ersten Satz dieses Abschnitts beschrieben ist. Und das gilt auch im Bereich des Verkaufens.

Von der Schuld zur Verantwortung

Wenn etwas schief geht, ist es am leichtesten, jemand anderem die Schuld zu geben. Der Kunde war zu dumm, das Angebot zu verstehen oder der Markt ist einfach grad zu schlecht, als dass man überhaupt Erfolg haben könnte. Hat man keinen Schuldigen zur Hand, eignet sich auch das Wetter ganz gut als Sündenbock. Dabei gibt es Menschen, für die nie das richtige Wetter ist. Dementsprechend ist ihre Erfolgsbilanz.

Wer die Schuld auf andere schiebt, macht sich zum Spielball der Umstände. Auch wenn es erst einmal befreiend ist, von sich selbst abzulenken, ist es langfristig eine fatale Strategie, da sie die eigene Handlungsfähigkeit vehement einschränkt. Wenn stets äußere Umstände und andere Personen an der eigenen Misere schuld sind, dann muss man konsequenterweise warten, bis sich daran etwas ändert. Viel sinnvoller ist es stattdessen, die Verantwortung für das eigene Handeln und die daraus resultierenden Ergebnisse zu übernehmen. Damit bleibt man nicht nur handlungsfähig, es hilft auch, aus Fehlern zu lernen und nachhaltig immer besser zu werden.

Idealerweise spricht man erst gar nicht von Schuld, da die Schuldfrage einen sowieso nicht weiterbringt. Statt in der Vergangenheit zu suchen, was alles falsch gelaufen ist, ist es effektiver sich zu fragen, was man in der Gegenwart besser machen kann und wie man in der Zukunft vermeiden kann, den gleichen Fehler erneut zu begehen.

Resonanz als Verstärker

Nutzen Sie das Wissen über das Gesetz von Ursache und Wirkung. Sehen Sie sich selbst immer wieder in dem bestmöglichen Licht. Reden Sie positiv über Ihre Vorhaben. Achten Sie auf die Bilder in Ihrem Kopf. Bleiben Sie in Ihren Zielen klar, aber gleichzeitig offen für neue Wege und Möglichkeiten.

Seien Sie präsent als Person. Besonders, wenn Sie Dienstleistungen verkaufen oder in einem kleinen Laden stehen, spielt Ihre eigene Präsenz eine wichtige Rolle im Verkaufsprozess. Als Dienstleister stellen Sie Ihr eigenes Produkt dar. Es gehört zum Verkaufen, dieses in einem guten Licht zu präsentieren. Wenn es Ihnen schwer fällt, sich zu zeigen, fangen Sie mit kleinen Schritten an, z. B. auf Netzwerktreffen mit maximal zehn Teilnehmern. Üben Sie immer wieder, sich selbst zu präsentieren, vor dem Spiegel, beim Spazierengehen oder auch im Gespräch mit verschiedenen Ansprechpartnern. Arbeiten Sie aber vor allem an Ihrer inneren Präsenz. Was das ist, ist nicht so einfach zu beschreiben. Es ist eine Mischung aus selbstbewusstem Auftreten, innerer Klarheit und positiver Haltung, die immer mehr nach außen strahlt.

Verstärkt wird diese Präsenz durch den Glauben, dass Sie es schaffen werden und dass alles möglich ist. Je mehr Ihnen dies gelingt, umso einfacher und müheloser wird es für Sie werden, neue Kunden zu gewinnen. Allein deswegen lohnt es sich, das Ganze auszuprobieren.

Dankbarkeit

Ein weiterer oft unterschätzter Verstärker für Ihre Bemühungen, ist die Entwicklung echter Dankbarkeit. Sie wirkt wie ein Magnet für positive Energie. Unabhängig davon, in welcher Situation Sie sich gerade befinden, es gibt immer etwas im Leben, für das Sie dankbar sein können. Sie können es sich z.B. zur Angewohnheit machen, jeden Abend zehn Dinge aufzulisten, die an diesem Tag gut waren und für die Sie sich bedanken möchten. Das können ruhig kleine Sachen sein, wie

- die Auswahl im Supermarkt
- den Bus rechtzeitig erwischt zu haben
- die Blumen am Wegesrand
- der Anruf eines lieben Freundes
- ein Lächeln
- das Zwitschern der Vögel
- eine nette kleine Geste
- ...

Machen Sie sich auch klar, dass vieles, was Sie für selbstverständlich halten, gar nicht so selbstverständlich ist. Mit Dankbarkeit entwickelt man auch eine gewisse Demut, die einem bei der Weiterentwicklung der eigenen Werte und des eigenen ethischen Handelns weiterhelfen kann. Was Dankbarkeit aber vor allem leisten kann, ist die Erzeugung von ungeheuer viel positiver Energie. Wenn Sie es schaffen, ein tiefes Gefühl der Dankbarkeit zu entwickeln, wird unweigerlich ein inneres Hochgefühl voll Freude und Zufriedenheit in Ihnen wachsen. Dieses ist wiederum der beste Verstärker für noch mehr Dinge im Leben, für die Sie dankbar sein können.

Permanente Verbesserung

Erlauben Sie sich, jeden Tag ein Stück besser zu werden, beruflich, privat und auch persönlich. Was Ihre Arbeit betrifft, achten Sie darauf sich nicht nur fachlich weiter zu entwickeln. Fragen Sie sich auch, was Sie Ihren Kunden bieten können. Nehmen Sie sich die Zeit, um sich Gedanken zu machen, wie Sie noch mehr bieten können. Seien Sie kreativ in Ihrem Verkaufsprozess und entwickeln Sie sich permanent weiter. Hinterfragen Sie regelmäßig, ob Ihre Strategie noch zu Ihnen und den Gegebenheiten auf dem Markt passt und ändern Sie Ihre Vorgehensweise, wo es notwendig ist.

Wie ist Ihr Umgang mit anderen Menschen? Üben Sie sich darin, jeden Tag ein Stück hilfsbereiter, zuvorkommender und offener zu werden.

Gehen Sie dabei konstruktiv mit Ihren Schwächen um und mit Dingen, die noch nicht optimal laufen. Lassen Sie sich nicht entmutigen oder demotivieren, nur weil es noch nicht so läuft, wie es laufen könnte.

Überprüfen Sie Ihre Werte. Auch diese können sich weiterentwickeln. Hinterfragen Sie, ob Ihr Handeln zu Ihren Wertevorstellungen passt. Wo sind Korrekturen nötig? Welche neuen Einsichten haben Sie gewonnen, die es sich lohnt umzusetzen?

Fangen Sie dabei stets bei sich selbst an mit der Veränderung, so wie es für Sie stimmig ist und in der Geschwindigkeit, wie es für Sie passt. Gestehen Sie anderen Menschen das Gleiche zu, ohne jemandem vorzuschreiben, was er wann wie zu tun oder zu lernen hätte. Entwicklung braucht Freiraum – Ihre genauso wie die jedes Anderen.

Selbstdisziplin

Was nützen die besten Tipps, wenn sie nicht angewendet werden? Wenn es darum geht, Verhaltensweisen zu ändern, alte Handlungsmuster aufzubrechen oder einfach nur immer besser zu werden, braucht es Disziplin und Regelmäßigkeit. Auch wenn das Wort Disziplin in vielen Köpfen erst einmal negative Emotionen auslöst, ist es eine sehr hilfreiche Tugend. Wer jeden Tag eine Sache übt, dem ist mehr Erfolg beschert, als jemandem, der nur hin und wieder etwas tut, um besser zu werden.

Um Disziplin in einer Sache zu entwickeln, ist es wichtig, sich nicht zu überfordern. Wählen Sie erst einmal etwas, was Ihnen leicht fällt, und setzen Sie sich Ziele, die auch erreichbar sind. Sonst besteht die Gefahr, dass Sie schnell frustriert sind und aufgeben. Um etwas zur Gewohnheit zu machen, muss man es im Durchschnitt mindestens 21 Tage am Stück gemacht haben. Hat man diesen Zeitpunkt überschritten, wird eine Sache leichter zur Routine. Versuchen Sie es einfach, und picken Sie sich für den Anfang einen oder zwei Tipps aus diesem Kapitel heraus und legen eine kleine Übung fest, die Sie täglich mindestens 21 Tage durchführen. Lassen Sie keine Ausnahmen zu und auch keine Ausreden. Planen Sie die Übung fest in Ihren Tagesablauf ein und gönnen Sie es sich, sie wirklich täglich zu machen. Als weitere Motivation können Sie sich vorstellen, wie zufrieden Sie sein werden, wenn Sie es tatsächlich 21 Tage lang geschafft haben.

Geduld

Verhaltensweisen zu ändern und alte Glaubensmuster aufzubrechen braucht Zeit. Dinge, die Sie über Jahrzehnte verinnerlicht haben, verschwinden nicht einfach so über Nacht. Dazu braucht es viele positive Impulse, viel Übung und natürlich viel Geduld. Wenn Sie nicht sofort einen Erfolg sehen können, denken Sie an den Bauern, der niemals auf die Idee käme, nach der Aussaat die Erde aufzugraben, um nachzusehen, ob sich schon ein kleines Pflänzchen gebildet hat. So wie er vertrauensvoll darauf warten kann, dass seine Saat aufgeht, können Sie sicher sein, dass Ihre Saat auch aufgehen wird.

Methodik

Nachfolgend geht es mir nicht darum, eine genaue Anleitung zum erfolgreichen Verkaufen zu liefern. Das ist auch schwer möglich, denn es gibt sie nicht – zumindest nicht in der Form einer festgelegten idealen Vorgehensweise. Strategie und Methode sind von verschiedenen Faktoren abhängig, vor allem von Branche, Produkt und Zielgruppe:

- Großhandel oder Einzelhandel?
- Dienstleistung oder Produktverkauf?
- Massenprodukt oder Luxussegment?
- Konsumgüter oder Spezialprodukt?
- Einzelunternehmer oder Großkonzern?
- IT-, Reise- oder Automobilbranche?
- ... ?

Hinzu kommen Budget, Marktsituation und Individualität des Unternehmens bzw. des Verkäufers. Ich greife daher nur einige Punkte auf, die für die Entwicklung einer gut funktionierenden Verkaufsstrategie hilfreich sein können.

Kaltakquise versus Verkaufsgespräch

Wenn man vom Verkaufen spricht, sollte man differenzieren zwischen dem Verkaufsgespräch und der davor stattfindenden Kontaktanbahnung. Dies geschieht häufig nicht, was zur Folge hat, dass nicht nur Begrifflichkeiten durcheinander kommen, sondern auch Vorgehensweisen unklar sind, ganz abgesehen von unrealistischen Erwartungen, die entstehen können.

Das richtige Verkaufsgespräch beginnt erst, wenn sich jemand ernsthaft für ein Angebot zu interessieren beginnt. Hier geht es dann um gute

Argumentation, Einwandbehandlung und die optimale Präsentation. Auch wenn es oft nicht leicht ist, den Kunden zu gewinnen, ist dies der einfachere Teil des Verkaufsprozesses.

Viel schwieriger ist die Phase davor, die sogenannte Kontaktanbahnung oder allseits wenig beliebte Kaltakquise. Hier geht es erst einmal darum, überhaupt das Interesse zu wecken, damit man ein Verkaufsgespräch führen kann. Wenn ein Kunde einen Laden betritt, sind die Chancen auf einen Verkauf viel höher, als wenn er nur vorbeischlendert. Klingt logisch und banal, ist es aber nicht, vor allem, wenn man sich ansieht, welche Erfolgsquoten kursieren. Da sich die Mehrzahl der Verkauftrainings und Verkaufstipps aller Art meist um das Verkaufsgespräch drehen, haben viele Unternehmer unrealistische Vorstellungen, wenn es um die Kontaktanbahnung zu Neukunden geht. Ist im direkten Gespräch mit einem Interessenten eine Abschlussquote von über 50 Prozent durchaus realistisch, liegt sie bei der Kaltakquise bei unter einem Prozent. Woran liegt das?

Vergleichen wir es einmal mit dem Flirten. Wenn Sie Ihren Traumpartner auf der Straße sehen, fallen Sie dann auf die Knie und machen sofort einen Heiratsantrag? Wohl kaum. Das erste, was Sie versuchen werden, ist in irgendeiner Form Aufmerksamkeit zu erregen und zwar im Idealfall auf positive Art und Weise. Sie werden dann Schritt für Schritt versuchen, Vertrauen zu gewinnen und eine tragfähige Beziehung aufzubauen. Danach können Sie immer noch entscheiden, ob das mit dem Heiraten so eine gute Idee ist.

Wenn es um das Verkaufen geht, hätten wir es sicher gern, sofort geheiratet zu werden, aber damit überfordern wir unsere Kunden oft. Gerade in Bereichen, die erklärungsbedürftig sind und/oder wo die Beziehung eine wichtige Rolle spielt – etwa im beratenden oder therapeutischen Bereich – braucht der Kunde eine gewisse Zeit, um Vertrauen in die Beziehung zu gewinnen. Erst dann heiratet bzw. kauft er.

Das impliziert, dass Sie je nach Angebot viele Kontaktanbahnungen benötigen, um genügend Interessenten gewinnen zu können, mit denen Sie ein Verkaufsgespräch führen können. Die Kaltakquise sollte daher nicht vernachlässigt werden, und bedenken Sie stets, es muss nicht immer nur das Telefon sein, mit dem Sie den ersten Kontakt herstellen, es gibt viele Wege zum neuen Kunden, wie z.B. Mailings, Netzwerke, Online-Plattformen, Empfehlungsstrategien oder Messen.

Rhetorik und Co.

In der Schulung von Verkäufern wird der Rhetorik und sprachlichen Gewandtheit sehr viel Raum gegeben. Man geht dabei davon aus, dass man einem Kunden nur die richtigen Argumente in der richtigen Art und Weise liefern muss, damit dieser zum Kauf bereit ist.

Dabei wird jedoch übersehen, dass es noch viel mehr Kriterien gibt, die für den Kunden von Bedeutung sind:

- Nutzen
- Bedarf und Angebot kommen zur richtigen Zeit zusammen
- Verhältnis von Preis und Leistung stimmt
- Sympathie

Je komplexer das Angebot, umso mehr werden alle Faktoren mit einbezogen. Erkennt der Kunde keinen Bedarf, nutzt auch die beste Rhetorik nichts. Im Gegenteil, hier laufen viele Verkäufer Gefahr, den Kunden mit zu vielen Argumenten zu vergraulen. Es kann ja durchaus sein, dass der Bedarf später vorhanden ist. Dann ist die Frage berechtigt, ob sich der Kunde einer Firma zuwenden wird, die zwar den Bedarf decken kann, deren Verkäufer aber zu penetrant in der Argumentation war.

Der wahre Verkaufserfolg liegt nicht in der gekonnten Anwendung von Techniken, sondern in der Überzeugungskraft von Menschen und deren Werten auf der Basis eines qualitativ angemessenen bzw. hochwertigen Angebots. Hier geht es darum, von methodischer Verkaufsrhetorik hin zu Authentizität und Sympathie zu gelangen. Das überzeugt mehr als perfekte Formulierungen.

Der Mensch im Mittelpunkt

Der erste Mensch, um den es im Verkaufsprozess geht, sind Sie als Verkäufer bzw. Unternehmer. Je mehr Ihr Angebot mit Ihrer Person verknüpft ist oder je beratungsintensiver das Produkt ist, das Sie verkaufen, desto ausschlaggebender ist Ihre Person für den Verkaufsabschluss. Ich betone dies erneut, da gerade in der Wirtschaft oft suggeriert wird, dass wir es nur mit Fakten zu tun haben und Entscheidungen nach rein rationalen Kriterien erfolgen. Doch das Gegenteil ist der Fall. Das gilt besonders für den Verkauf. Auch wenn Sie ein großes Unternehmen vertreten und Ihr Gegenüber für eine große Firma einkauft, es stehen sich zwei Menschen gegenüber, und der Umgang, den Sie miteinander pflegen ist mit ein wichtiges Kriterium, ob Sie den Zuschlag erhalten oder nicht.

Als Bild eines „menschlichen" Verkäufers lassen sich einige Eckpunkte festhalten:

- ethisch respektvolle Grundhaltung
- zielgerichtet
- selbstbewusst
- authentisch und
- sympathisch

Er oder Sie schöpft die Kraft aus sich selbst heraus und nicht aus dem Verkaufserfolg – Er schöpft auch seinen Selbstwert nicht aus dem Verkaufserfolg, sondern aus dem Wissen heraus, dass er selbst eine wertvolle Person ist. Und diese Haltung erlaubt ihm, auch in nicht so rosigen Zeiten, stabil zu agieren, weil er sich nicht so schnell von Angst und Gier leiten lässt.

Die im vorigen Abschnitt genannten Punkte können Ihnen helfen, dies zu erreichen. Im Verkaufsprozess ist zusätzlich noch Ihre Präsenz in Kombination mit guter Ausdrucksfähigkeit und sympathischem respektvollem Auftreten hilfreich.

Der Kunde ist der zweite Mensch, um den es geht, nicht umsonst wird er als König bezeichnet. Dementsprechend sollten Sie ihn behandeln, wenn Sie ihn gewinnen möchten. Dabei geht es nicht darum, ihn um jeden Preis zu hofieren und sich alles gefallen zu lassen. Aber bringen Sie ihm das entgegen, was Sie einem guten Bekannten entgegenbringen – Achtung, Respekt und Wertschätzung.

Respekt

Begegnen Sie grundsätzlich all Ihren potentiellen Kunden mit Sympathie. Sie haben es natürlich leichter, wenn Sie davon ausgehen, dass die meisten Menschen liebenswert sind, und Sie darüber hinaus ein positives Selbstbild von sich haben. Wer sich selbst in einem schlechten Licht sieht, tut sich schwerer, in anderen etwas Gutes zu entdecken. Wir greifen in unserer begrenzten Wahrnehmung auf das zurück, was das Gehirn an Erfahrungen gespeichert hat und bilden darauf unsere (Vor)Urteile. Daher ist es wichtig, negativen Prägungen positive entgegenzusetzen. Sofern man möchte, dass sich mehr Zufriedenheit und Erfolg – und zwar nachhaltig – im Leben einstellt, ist diese Arbeit notwendig.

Echte Sympathie basiert auf Respekt und Achtung des Anderen. Dabei ist es wichtig, sich nicht von äußeren Faktoren leiten zu lassen. Manchmal kann schon eine Frisur oder eine extravagante Kleidung des Anderen dazu führen, dass wir ihn unsympathisch finden. Jetzt kann man sich natürlich zur Not damit motivieren, dass dieser potenzielle Kunde bestimmt sehr zahlungskräftig ist und wir die Chance haben, mit ihm Umsatz zu machen. Diese Motivation wird einem sicher auch ein Lächeln abringen. Aber es ist nicht das Lächeln und der gleiche Effekt, den echter Respekt erzeugen kann. Außerdem ist es kein echter Respekt vor dem Kunden, wenn ich ihn auf sein Geld und seine Zahlungsfähigkeit reduziere und ausschließlich aus der Motivation der Umsatzsteigerung nett zu ihm bin.

So logisch das erscheint, im normalen Verkaufsalltag geschieht das oft schneller, als man glaubt. Achten Sie ruhig einmal darauf, wie schnell Sie im Hinterkopf zu rechnen anfangen, welches Umsatzpotenzial ein Kunde haben könnte und worauf Ihre Aufmerksamkeit liegt. Versuchen Sie immer wieder, sich davon frei zu machen, auch wenn Sie den Auftrag dringend benötigen.

Sie möchten als Kunde selbst respektvoll behandelt werden? – Tun Sie es auch!

Zielgruppe

Die Definition der Zielgruppe ist eine wesentliche Grundlage für den Verkaufsprozess. Bevor man jemanden überhaupt kontaktieren kann, sollte man wissen, wen man sucht. Die meisten Unternehmer machen sich viele Gedanken um ihre Zielgruppe. Was viele jedoch vergessen, ist diese klar zu definieren und einzugrenzen. Sehr häufig gibt es nur ein oder zwei Kriterien, mit denen man seinen Kundenkreis bestimmt. Das, was in manchen Märkten noch ausreichen mag, ist in vielen Bereichen überhaupt nicht zielführend. Dennoch ist die Tendenz, *alle* ansprechen zu wollen, weit verbreitet. Das liegt sicher auch daran, dass viele glauben, dass sie viel erreichen, wenn sie möglichst breit ansprechen. Interessanterweise ist das Gegenteil der Fall. Gerade Unternehmen, die spezielle Zielgruppen ansprechen, sind oft erfolgreicher. Das gilt für Restaurants ebenso wie für Boutiquen oder Berater. Der Grund dafür ist einfach. Je enger und klarer man eine Zielgruppe fasst, umso besser kann man sich in der Kommunikation auf sie einstellen. Man spricht im Vertrieb und Marketing oft davon, dass eine zielgruppengerechte Sprache wichtig ist. Je breiter man aber seine Zielgruppe fasst, umso allgemeiner muss man bleiben, damit man alle ansprechen kann. Das Ergebnis ist, dass sich dann nur noch wenige angesprochen fühlen. Oder fänden Sie ein Restaurant interessant, das damit wirbt, dass bei ihm alle satt werden?

Zielgruppen nach Branchen, Regionen, Alter, Beruf oder Geschlecht zu definieren, ist noch relativ einfach. Aber auch die weichen Faktoren sollten berücksichtigt werden, denn gerade diese sind mit ausschlaggebend und hilfreich in der Kommunikation. Weiche Faktoren könnten z.B. sein:

- ausgeprägtes Umweltbewusstsein
- tierliebend
- steht vor beruflicher Umorientierung
- legt Wert auf gute Qualität
- ausgeprägtes Modebewusstsein
- ...

Das schwierige an diesen Kriterien ist, dass sie schwieriger zu finden sind. Es erfordert mehr Aufwand, diese heraus zu filtern. Hilfreich kann dabei sein, sich damit zu beschäftigen, ob es Dinge gibt, die Kunden, die man bereits hat, gemeinsam haben. Auch die Frage, mit welchem Personenkreis man am besten klar kommt, kann einen hier weiter bringen. Natürlich ist es auch möglich, mehrere Zielgruppen anzusprechen. In der Kommunikation sollte dies jedoch berücksichtigt werden.

Kernkompetenz und Nutzen

Es gibt in den meisten Bereichen zahlreiche Anbieter. Warum soll jemand ausgerechnet zu Ihnen kommen? Um diese Frage dreht es sich in erster Linie, wenn es um die Kernkompetenz geht. Was bieten Sie, was kein anderer bieten kann? Was ist Ihr USP[10], also Ihr Alleinstellungsmerkmal? Gerade im Dienstleistungsbereich sollten Sie sich mit dieser Frage intensiv auseinander setzen. Wenn Sie Ihre Zielgruppe neugierig machen wollen, ist es wichtig zu wissen, was Sie auszeichnet. Meist geht das über Ihre Ausbildung hinaus und hat mit Ihnen als Person zu tun. Manchmal ist es aber auch eine spezielle Fähigkeit, die Sie haben. Achten Sie vor allem auch auf Dinge, die Ihnen selbstverständlich erscheinen und punkten Sie damit. Der USP kann sich auch über Ihre Persönlichkeit definieren. Nicht umsonst bauen erfolgreiche Trainer sich selbst als Marke auf. Das können Sie auch tun – sofern das für Sie und Ihr Angebot passt.

Was den Nutzen betrifft, so kann nicht oft genug betont werden, wie wichtig dieser für den Verkauf ist. Wenn man es böse formuliert, könnte man sagen: Wenn Sie nicht in der Lage sind, einen vernünftigen Nutzen zu bieten, haben Sie auf dem Markt nichts verloren, oder brauchen sich nicht zu wundern, warum Sie nicht erfolgreich sind. Allerdings gibt es immer wieder Beispiele, die zeigen, dass Verkaufstaktik einen fehlenden Nutzen zumindest kurzfristig kaschieren kann. Wem ethisches Handeln im Verkauf wichtig ist, wird dies aber ablehnen.

Was ein Kundennutzen sein kann, wurde bereits im Kapitel Ethik aufgelistet. In Bezug auf die Verkaufsstrategie geht es darum, speziell den Nutzen herauszuarbeiten, den man bietet. Das können auch mehrere Dinge sein. Es beschränkt sich aber nicht nur auf die Vorteile, die man bietet. Wenn Sie am Nutzen arbeiten, dann können Sie sich mit folgender Vorgehensweise der Thematik nähern. Listen Sie auf, was Sie für Ihre Kunden tun, bzw. was Ihr Produkt leistet. Und stellen Sie nach jedem

10 Unique selling proposition

einzelnen Punkt den Satz dahinter: „... und das bedeutet für meinen Kunden, dass ... “ und beenden diesen. Damit erreichen Sie, dass Sie Ihre Denkweise erweitern und von sich ein Stück weit weg gehen. Denn der Nutzen ist stets etwas, von dem der Kunde in irgendeiner Weise profitieren sollte.

Kommunikation

Zur richtigen Kommunikation mit dem Kunden gibt es viel zu sagen, und auch wieder nicht. Ich hatte ja bereits erwähnt, dass die Rhetorik selbst oft überbewertet wird. Daher beschränke ich mich, was die Kommunikation betrifft, auf die wesentlichen Dinge. Ihre Kommunikation sollte zielgruppengerecht sein, den Nutzen klar verdeutlichen und Ihre Kernkompetenz aufzeigen. Was so kurz und knapp leicht gesagt ist, ist manchmal gar nicht so einfach. Wenn es um Texte geht, egal ob für Flyer oder Webseiten, ist es sehr hilfreich, professionelle Hilfe in Anspruch zu nehmen. Denn gerade in diesem Punkt, verliert man sich selbst oft in fachlicher Beratung, technischen oder methodischen Beschreibungen oder zu langen Formulierungen.

Von Preis und Wert

> *„Es gibt kaum etwas auf dieser Welt, das nicht irgendjemand ein wenig schlechter machen und dann billiger verkaufen könnte. Die Menschen, die sich nur am Preis orientieren, werden die Beute solcher Machenschaften. Es ist unklug, zu viel zu bezahlen, aber es ist noch schlechter, zu wenig zu bezahlen! Wenn Sie zu viel bezahlen, verlieren Sie etwas Geld - das ist alles. Wenn Sie dagegen zu wenig bezahlen, verlieren Sie manchmal alles, da der gekaufte Artikel die ihm zugedachte Aufgabe nicht erfüllen kann. Das Gesetz der Wirt-*

schaft verbietet es, für wenig Geld viel Wert zu erhalten. Nehmen Sie das niedrigste Angebot an, müssen Sie für das Risiko, das Sie eingehen, etwas hinzurechnen. Wenn Sie das tun, haben Sie auch genug Geld, um für etwas Besseres zu bezahlen!"[11]

Wer Probleme hat, zu seinem Preis zu stehen, könnte in Versuchung geraten, mit dem Preis soweit runter zu gehen, bis es für den Kunden passt. Hüten Sie sich aber davor, dies zu tun. Erstens machen Sie damit Ihre Preise kaputt. Zweitens werden Sie merken, dass Kunden, die Ihre Leistung schon zu Beginn nicht schätzen können, dies auch oft im Nachhinein nicht tun und es mit schlechter Zahlungsmoral oder anderen Problemen beweisen.

Wenn jemand mit dem Preisargument kommt, nehmen Sie den Einwand ruhig auf, und versuchen Sie erneut den Nutzen hervor zu heben. Dieser scheint noch nicht so verstanden worden zu sein, dass der Kunde den Wert des Angebots erkennen konnte. Zusätzlich können Sie noch mit Zusatznutzen punkten, den Sie anbieten können. Denken Sie daher daran, auf Nebenleistungen hinzuweisen, wie das große Sortiment, die tägliche Anlieferung, die Finanzierung, Service und Garantieleistungen usw.

Wenn es dennoch nicht klappt, dann auf zum nächsten Kunden, verschwenden Sie keine Zeit mit unnötigen Preisdiskussionen. Und lassen Sie sich niemals von diesem Argument einschüchtern. Wenn Ihre Preise fair kalkuliert sind und die Leistung stimmt, gibt es keinen Grund, sich herunterhandeln zu lassen. Auf einen Preiskampf können sich höchstens große Firmen einlassen, die entweder über die Menge anders kalkulieren können, oder eine Mischkalkulation ansetzen. Größere Rabatte sollten zumindest durch die Auftragshöhe oder eine längerfristige Vertragsbindung gerechtfertigt sein.

---

11 John Ruskin, engl. Sozialreformer und Philosoph, 1819 - 1900

Wenn Sie sich gar nicht erst auf eine Preisdiskussion einlassen möchten, dann achten Sie auf Ihre Einstellung zu Ihren Preisen. Wie gut können Sie Ihren Preis vertreten? Wie sehr sind Sie sich im Klaren, was Ihr Angebot wert ist? Solange Sie selbst in Bezug auf die Höhe des Preises ein Unbehagen spüren, so lange werden Sie wahrscheinlich auch Ihren Preis verteidigen müssen. Machen Sie sich daher neben einer guten Nutzenargumentation immer wieder klar, wie wichtig der Wert Ihres Angebotes ist, und stehen Sie dazu.

Beharrlichkeit

Ohne Fleiß kein Preis. Das gilt insbesondere für die Neukundengewinnung. Auch wenn die eigene Verkaufsstrategie auf Basis des Resonanzprinzips aufgebaut wird, ist es im Verkauf wichtig, kontinuierlich am Ball zu bleiben. Wenn Sie beispielsweise Telefonakquise machen, helfen Ihnen eine positive Ausrichtung und eine gute Vorarbeit, Ihre Quoten zu verbessern. Dennoch ist es wichtig, die Telefonate konsequent durchzuführen und nicht nach wenigen Telefonaten schon aufzugeben. Hundert Telefonate sind da so gut wie gar nichts – denken Sie an die Quoten, die vor allem für den Erstkontakt gelten.

Erscheint ein Kontakt vielversprechend, haken Sie nach – respektvoll, aber dennoch zielgerichtet. Um eine gute Auslastung zu erreichen, müssen Sie eine gewisse Bekanntheit aufbauen. Das geht manchmal nur über reine Fleißarbeit. Achten Sie auch darauf, nicht vor lauter Alltagsgeschäft oder Projektarbeit die Kundengewinnung aus den Augen zu verlieren. Es wäre schade, wenn dadurch „Löcher" in Ihrer Auslastung entstehen.

Flankierende Maßnahmen

Ein guter Vertrieb steht niemals für sich alleine. Die wichtigste Begleitmaßnahme ist ein gut funktionierendes Marketing. Achten Sie auch bei kleinem Budget auf einen professionellen Auftritt. Es muss nicht immer gleich ein teures Logo erstellt werden und auch keine Hightech-CI (Corporate Identity), aber einen durchgängigen zu Ihnen passender Auftritt sollten Sie sich in jedem Fall leisten. Wählen Sie Ihre Werbematerialien so, dass Sie auf Ihre Zielgruppe passen.

Eine weitere sinnvolle Begleitmaßnahme kann die Suche nach Kooperationspartnern darstellen. Gerade wenn Sie nicht alles selbst leisten können und Ihre Zielgruppe von einer Kooperation profitieren könnte, kann das Ihr Angebot sinnvoll ergänzen. Seien Sie jedoch in der Wahl Ihrer Partner sehr wählerisch. Gute Kooperationen sind gekennzeichnet von

- gegenseitiger Sympathie
- Synergieeffekt
- erhöhter Nutzen für die Zielgruppe durch die Synergie
- klaren Vereinbarungen
- alle Partner profitieren von der Zusammenarbeit (Win-Win-Situation).

Gerade der letzte Punkt ist sehr wichtig. Lassen Sie sich nicht auf einseitige Vereinbarungen ein, und prüfen Sie lieber einmal zu viel, ob die Zusammenarbeit wirklich für alle Beteiligten von Vorteil ist.

Oft unterschätzt, aber ganz wichtig, ist eine vernünftige Zeitplanung und Kalkulation. Nicht nur am Anfang einer Selbstständigkeit sollte man der Kundengewinnung viel Aufmerksamkeit schenken und dafür auch Geld einplanen. Das ist eine ständige Aufgabe und gehört zum täglichen unternehmerischen Alltag, auch dann, wenn Sie es geschafft haben, schon viele Neukunden über Empfehlungen zu gewinnen.

Was, wenn der Erfolg ausbleibt?

Zuerst die gute Nachricht: Alle Maßnahmen, die Sie bisher kennen gelernt haben, helfen Ihnen, Ihren Verkaufserfolg zu steigern. Je gezielter und konsequenter Sie diese Anregungen umsetzen und je nutzenorientierter Sie vorgehen, umso sicherer ist Ihnen der Erfolg.

Aber es gibt auch eine schlechte Nachricht, und die wird Ihnen weniger gefallen: Es gibt keine Garantie auf Erfolg. Egal, wie gut Sie sind, egal, wie positiv Sie sich ausrichten, egal, wie hoch der Nutzen ist, den Sie bieten, Sie können scheitern.

Das kann an verschiedenen Dingen liegen:

Der Zeitfaktor

Wenn Angebot und Nachfrage zum richtigen Zeitpunkt zusammentreffen, dann ist die Wahrscheinlichkeit hoch, dass gekauft wird, vorausgesetzt der Preis stimmt. Hat der Kunde jedoch keinen Bedarf zum Zeitpunkt, zu dem Sie anbieten, nutzt Ihnen die beste Argumentation nichts und es hilft auch nichts, dass Ihr Angebot auf den Kunden passen würde. An einem ganz einfachen Beispiel lässt sich dies verdeutlichen. Versetzen Sie sich in die Lage eines Kunden, der Hunger hat. Sie suchen ein Restaurant auf und essen dort. Ihr Bedarf wurde gedeckt. Sie verlassen das Restaurant und kommen kurz darauf an einem weiteren Restaurant vorbei, das einen sehr einladenden Eindruck macht. Die aushängende Speisekarte klingt verlockend und das Personal nehmen Sie als ausnehmend freundlich wahr. An sich alles Gründe, die Ihnen wichtig sind. Werden Sie aber deswegen jetzt dort essen? Wohl kaum, denn Sie sind zum jetzigen Zeitpunkt nicht hungrig. Also verschieben Sie den Restaurantbesuch bei diesem Haus auf später.

Das, was hier ganz logisch ist, wird häufig übersehen. In Verkaufstrainings wird oft geschult, dass mit Argumenten immer etwas zu machen ist. Aber wenn trotz Bedarf, der Zeitpunkt nicht der Richtige ist, dann müssen Sie das akzeptieren. Das gilt auch und insbesondere, wenn ein potenzieller Kunde gerade andere Prioritäten hat, als sich mit Ihrem Angebot zu beschäftigen.

Hier bleibt meist nur die Möglichkeit, auf den Zeitfaktor zu achten und es in einem angemessenen Zeitrahmen erneut zu versuchen. Aber natürlich sollten Sie als Besitzer des zweiten Restaurants so schlau sein, dem „satten" Interessenten Ihre Karte mitzugeben, damit er beim nächsten „Hunger" an Sie denkt.

Die Preisfrage

„Das ist einfach zu teuer!" Das Preisargument wird gerne vorgeschoben und wirkt auf manche wie ein KO-Schlag. Sollte es öfter vorkommen, dass Sie mit diesem Argument konfrontiert werden, sollten Sie folgende Dinge prüfen.

- Stimmt Ihre Kalkulation?
- Ist der Preis in Ihrer Zielgruppe marktgerecht und angemessen?
- Haben Sie den Wert des Angebots klar kommuniziert?
- Ist der Nutzen, den Sie bieten, für den Kunden klar geworden?
- Wie sieht es mit Ihrer inneren Haltung aus? Können Sie Ihren Preis selbstbewusst vertreten oder halten Sie ihn selbst für unangemessen?

Hüten Sie sich in jedem Fall davor, auf dieses Argument mit einem schnellen Preisnachlass zu reagieren. Besser ist es, erneut den Nutzen zu betonen. Sollte dies nicht ausreichen, müssen Sie für sich abwägen, was im

Einzelfall mehr zählt, den Preis in jedem Fall zu halten oder den Kunden gewinnen zu wollen.

Die Budgetfrage

„Dafür haben wir kein Budget übrig“, „Unser Budget ist für dieses Jahr bereits verplant“, „Wir haben noch gar kein Budget erhalten“, diese und ähnliche Aussagen haben Sie bestimmt auch schon gehört. Vor allem, wenn ein potenzieller Kunde Interesse bekundet hat und man schon mehrere Gespräche geführt hat, ist es bitter, an diesem Punkt (vorerst) zu scheitern. Wenn kein Geld vorhanden ist, um Ihr Angebot zu bezahlen, haben Sie auch nichts davon, es um jeden Preis zu versuchen. Widerstehen Sie vor allem der Versuchung, mit dem Preis soweit runter zu gehen, dass der Kunde doch einwilligt. Als Warnhinweis sollen Ihnen die vielen Bau- und Handwerksunternehmen dienen, die unter dem Einstandspreis anbieten, frei nach dem Motto: „Hauptsache, wir sind ausgelastet“. Kein Betrieb übersteht so eine Strategie dauerhaft, vor allem kein kleiner. Mit diesem Aktionismus wird der Schein erzeugt, dass alles in Ordnung ist. Der Katzenjammer ist dann groß, wenn letztlich doch alles zusammenbricht.

Bedenken Sie auch, dass die Budgetfrage nichts mit der Preisfrage zu tun hat. Hier geht es einzig darum, ob der Kunde überhaupt die Mittel zur Verfügung hat bzw. bereit ist, diese frei zu machen, um Ihre Leistung in Anspruch zu nehmen. Sie können vielleicht noch mit Ratenzahlungsvereinbarung dem Kunden entgegen kommen. Machen Sie aber nicht Ihren Preis selbst kaputt.

Der Nutzenfaktor

Bieten Sie einen Nutzen, oder glauben Sie nur, einen Nutzen zu bieten? Wie nah sind Sie wirklich an Ihrer Zielgruppe? Ist der Nutzen, den Sie definiert haben, nur ein schönes Feature oder handelt es sich um einen echten Problemlöser?

Sollten Sie merken, dass Ihre Interessenten mit dem Nutzen nicht viel anfangen können, sollten Sie sich diesen Fragen stellen. Schauen Sie ehrlich und auch selbstkritisch hin, ob Sie Ihren potenziellen Kunden mit Ihrem Angebot wirklich das bieten, was diese benötigen.

Die falsche Zielgruppe

Wenn Sie sich zu Herzen genommen haben, was auf den vorigen Seiten über Zielgruppen stand, sollte der ausbleibende Erfolg nicht an diesem Punkt liegen. Oder haben Sie sich noch nicht getraut, diese ganz klar zu definieren? Wie sieht es mit der Kommunikation aus, sprechen Sie die Sprache Ihrer Zielgruppe? Oder ist es Ihnen doch passiert, dass Sie sich eine Gruppe ausgesucht haben, die zwar lukrativ erscheint, der Sie aber nicht den passenden Nutzen bieten können? Auch Zielgruppen dürfen sich weiterentwickeln. Trauen Sie sich, zu korrigieren, wo es notwendig ist.

Der Marktfaktor

Es kann passieren, dass Ihr Produkt keinen Markt hat. Vielleicht sind Sie so innovativ, dass das was Sie tun, noch gar nicht gebraucht wird, weil es keiner kennt. Sollte dies der Fall sein, müssen Sie sich gut überlegen, ob Sie genügend Mittel haben, Ihr Angebot möglichst schnell, bei möglichst vielen potenziellen Kunden, bekannt zu machen. Manchmal lohnt es sich sehr, Pionierarbeit zu leisten. Achten Sie aber darauf, wie weit Sie gehen können und suchen Sie, wenn es notwendig ist, Kooperationspartner.

Sollten Sie merken, dass es keinen Markt für Ihr Produkt gibt, dann mag das zwar eine bittere Pille sein, aber versuchen Sie, diese schnellstmöglich zu schlucken und sich erfolgsversprechenderen Projekten zuzuwenden. Ich möchte Ihnen an dieser Stelle keineswegs Ihre Innovation ausreden oder Ihre Träume kaputt machen. Aber es ist sehr wichtig, bodenständig zu bleiben, bei aller Wichtigkeit Visionen umzusetzen. Vielleicht braucht es auch nur etwas Zeit. Es ist auch keine Schande, sich ein zweites Standbein aufzubauen, um finanziell so abgesichert zu sein, dass Sie es sich leisten können, Ihre Träume weiter zu verfolgen. Dann können Sie herausfinden, ob es tatsächlich keinen Markt gibt, oder ob Sie ihn nur noch nicht gefunden haben.

Der Geduldfaktor

Gerade bei der Neukundengewinnung spielt Geduld eine wichtige Rolle. Der schnelle Erfolg lässt häufig auf sich warten. Der Beziehungsaufbau zu den Kunden kann sich als langwieriger gestalten als erwartet. Halten Sie durch! Auch wenn es manchmal schwer ist, glauben Sie weiter an sich und daran, dass Sie es schaffen werden. Seien Sie aber nicht unvernünftig. Sollten Sie den Markt falsch eingeschätzt haben, oder etwas geschieht, was Ihre Strategie gefährdet, reagieren Sie flexibel. Wie das aussehen kann, hängt von Ihrem Angebot ab. Sie könnten bei Ihrer Bank einen weiteren Kredit beantragen, um noch etwas Spielraum zu haben, oder Sie könnten nach anderen Einnahmequellen Ausschau halten, wenn Sie zeitlich nicht ausgelastet sind.

Nicht positiv genug?

Sie haben Ihren Wunschkunden definiert, stellen sich stets vor, dass er zur Tür hereinkommt, sind gut gelaunt und optimistisch, aber es kommt einfach niemand? Es ist einfach zu sagen, dass Sie sich noch besser ausrichten müssen. Auch wenn es grundsätzlich richtig ist, ist es dennoch schwierig, vor allem, wenn man damit noch nicht so vertraut ist. Eine reine Verstärkung positiver Gedanken bringt nicht viel, wenn es auf anderen Ebenen Boykotteure gibt. Diese verstecken sich meist in unbewussten Glaubenssätzen und sind dementsprechend schwer greifbar. In der Komplexität der Sache ist es nicht einfach herauszufinden, mit welchem Boykotteur man es gerade zu tun hat. Das erfordert Übung und auch Geduld. Nichtsdestotrotz ist es hilfreich eine positive Grundhaltung einzunehmen, selbst wenn sich auch nach längerer Zeit keine besonderen Auswirkungen zeigen. Frustriert auf eine negative Haltung umzuschwenken ist in jedem Fall kontraproduktiv. Bevor man Gefahr läuft, sich zu verkrampft positiv auszurichten und daran zu verzweifeln, ist es besser, den Druck herauszunehmen, indem man versucht, das Ganze lockerer zu sehen und sich auf die Elemente der eigenen Wohlfühlstrategie zu besinnen. Damit geht es dann oft leichter weiter, als mit krampfhaftem Wollen.

Sie sehen: Methodisch wie persönlich gibt es einiges zu tun. Manche der genannten Faktoren lassen sich noch beeinflussen, andere müssen Sie erst einmal so akzeptieren. Wichtig ist dabei, dass Sie sich nicht entmutigen lassen. Verkaufen ist ein Prozess, bei dem man sehr viel lernen kann. Nutzen Sie daher auch Rückschläge, um Ihr Angebot zu optimieren, Ihre Ausrichtung zu verbessern, in Ihrer Kommunikation klarer zu werden und Kundenwünsche wahrzunehmen. Flexibilität ist im Verkaufen sehr wichtig. Sehen Sie es positiv und versuchen Sie aus diesen Erfahrungen zu lernen. Oft sind es die negativen Erfahrungen, die einem am meisten beibringen können – wenn man es zulässt. Wenn Sie es schaffen, locker zu bleiben, und das Ganze etwas spielerisch zu betrachten, sind Sie dem Erfolg schon ein Stück näher.

Resümee

Am Ende angelangt, nehme ich den roten Faden, der sich durch die einzelnen Kapitel zieht, noch einmal auf. Auch wenn jeder Abschnitt in sich geschlossen geschrieben ist, steht eines im Mittelpunkt: Der Verkäufer als

Mensch – mit seinen Werten und vor allem mit seinen Befindlichkeiten. Geschäfte werden von Mensch zu Mensch getätigt. Die reine Reduktion wirtschaftlicher Vorgänge und Zusammenhänge auf rationale Faktoren ist nicht zielführend – schon gar nicht im Verkaufsprozess.

Was Ethik und hohe Werte betrifft, gehe ich davon aus, dass dieses Thema in den kommenden Jahren immer mehr an Bedeutung gewinnen wird. Für den Erfolg halte ich dies nicht nur für sinnvoll, sondern für absolut notwendig. Es ist an der Zeit, sich nicht mehr nur ausschließlich am Profitdenken zu orientieren, sondern ethische Werte auch für wirtschaftliches Handeln und verkäuferische Tätigkeiten zugrunde zu legen. Strategisch werden dabei jene im Vorteil sein, die sich dem Prozess der persönlichen Weiterentwicklung stellen und diese Werte für sich verinnerlicht haben. Gepaart mit einer Verkaufsstrategie, die auf hohen Kundennutzen setzt und in der das Wissen um das Resonanzprinzip umgesetzt wird, ergibt sich eine solide Basis für nachhaltigen Erfolg.

Der Weg dahin ist eine dauerhafte Weiterentwicklung, in der es gerade in Bezug auf Werte auch immer wieder gilt, sich Widersprüchen zu stellen und von Neuem zu entscheiden, welche Richtung man einschlägt. Das macht die Sache nicht unbedingt einfach, aber doch spannend durch kontinuierliche Herausforderungen. Ich möchte Ihnen an dieser Stelle erneut Mut machen, sich diesen Herausforderungen zu stellen. Gerade in Bezug darauf, jeden Tag ein wenig besser zu werden und ethische Grundsätze immer mehr in die Praxis umzusetzen, kann jeder einen Beitrag zu einem besseren Miteinander auch in der Wirtschaft leisten – dort, wo er sich gerade befindet, mit dem, was er an Fähigkeiten, Potenzial und Kapital gerade zur Verfügung hat.

Ich wünsche Ihnen viel Erfolg in Ihrem Verkaufsprozess und den Mut, sich dieser Herausforderung zu stellen.

Weiterführende Literatur

Die nachfolgende Liste ist eine kleine Auswahl an Büchern, mit denen Sie die Themen meines Buches vertiefen können, vor allem auch jene, die ich nur anreißen konnte.

Brandon Bays: The Journey, Der Highway zur Seele, Allegria, 2007

Melody Beattie: Der Weg zu innerer Stärke, Inspirationen für die Seele, Ullstein, 2004

Monika Birkner: Wachstumsstrategien für Solo- und Kleinunternehmer: Mit neuem Denken und Handeln zu mehr persönlichem und geschäftlichem Erfolg, Walhalla, 2008

Moritz Börner: Byron Katies The Work: Der einfache Weg zum befreiten Leben, Goldmann 1999

Dalai Lama: Das Buch der Menschlichkeit: Die neue Ethik für unsere Zeit, Bastei Lübbe, 2002

Carol Dweck: Selbstbild, Wie unser Denken Erfolge oder Niederlagen bewirkt, Campus, 2007

Hale Dwoskin: Die Sedona-Methode: Wie Sie sich von emotionalem Ballast befreien und Ihre Wünsche verwirklichen, 5 einfache Schritte, VAK Verlag 2005

Bob Etherington: Kaltakquise für Angsthasen, Wiley-VCH 2007

Günter Faltin: Kopf schlägt Kapital, Die ganz andere Art, ein Unternehmen zu gründen. Von der Lust, ein Entrepreneur zu sein, Hanser, 2007

Bowen Faville White: Normal ist ungesund: Warum es heilsam ist, unangepasst, anders und mutig zu sein, Heyne, 2003

Pierre Franckh: Erfolgreich Wünschen, 7 Regeln wie Träume wahr werden, Koha, 2005

Pierre Franck: Das Gesetz der Resonanz, Koha, 2008

Kerstin Friedrich, Fredmund Malik, Lothar J. Seiwert: Das große 1x1 der Erfolgsstrategie EKS® - Erfolg durch Spezialisierung, Gabal, 2009

Karl Gamper: So schön kann Wirtschaft sein, Der Aufbruch der Kulturell-Kreativen, Kamphausen, 2005

Michael E. Gerber: The E-Myth Enterprise, How to Turn a Great Idea into a Thriving Business, Harper 2009

Lynn Grabhorn: Aufwachen Dein Leben wartet, die erstaunliche Macht der Gefühle, Arkana, 2004

Louise Hay: Wahre Kraft kommt von innen, Heyne, 2000

Ulrich Hemel: Wert und Werte, Ethik für Manager – Ein Leitfaden für die Praxis, Hanser, 2007

Spencer Johnson, Larry Wilson: Das Minuten Verkaufstalent, Rowohlt, 2007

Erich Keller: Erfolgsblockaden auflösen mit EFT: Ziele erreichen, Wünsche erfüllen, Stillstand überwinden, Ullstein, 2007

Ulrike Knauer: Was Top-Verkäufer auszeichnet, Ethik statt Abzocke, Gabler, 2010

Roy Martina: The Missing Link, So wenden Sie „The Secret" richtig an, Koha, 2009

Bärbel Mohr: Bestellungen beim Universum, ein Handbuch zur Wunscherfüllung, Omega, 2004

Sabine Piarry: Erfolgreich netzwerken! Schluss mit Kundenjagd, Wettbewerbsangst & Co., Books on Demand, 2008

Geshe Michael Roach: Die Weisheit des Diamanten. Buddhistische Prinzipien für beruflichen Erfolg und privates Glück, Dt. Taschenbuch Verlag 2005

Susanne Rupprecht, Georg Parlow: Ethisches Marketing: Nachhaltige Strategien für Klein- und Mikro-Unternehmen, Festland Verlag 2008

Sri Chinmoy: Glücklichsein, Spirituelle Kraft für das Abenteuer Leben, The Golden Shore, 2007

Sri Chinmoy: Schwingen der Freude, The Golden Shore, 2006

Bettina Stackelberg: Selbstbewusstsein: Das Trainingsbuch, Beck, 2009

Annja Weinberger: Corporate Identity – Großer Auftritt für kleine Unternehmen, Stiebner, 2010

Jacques Werth, Nicolas Ruben, Michael Franz: High Probability Selling: Verkaufen mit hoher Wahrscheinlichkeit, So denken und handeln Spitzenverkäufer, BusinessVillage, 2008

Unser gesamtes Verlagsprogramm
finden Sie unter:

www.acabus-verlag.de

ACABUS | Verlag

| BUCHstäblich NEU |